I·M·P·R·E·S·S NextPublishing

Future Coders

p5jsで学ぶ
JavaScript入門

青木 樂／國見 幸加 ｜著　田中 賢一郎 ｜監修

Future Coders

初心者でも美しいビジュアルを簡単に作成できる

インプレス

JN132111

はじめに

　この本は、プログラミングを学び、アート作品やインタラクティブなプロジェクトを作成したいと考える全ての人々に向けて制作されました。本書で扱う p5.js は、JavaScript 言語をベースにしたクリエイティブコーディングのためのライブラリであり、初心者でも手軽に始められるシステムです。初めてプログラミングを触る人でも、簡単に美しいビジュアライズを作成することができます。

　本書では、その p5.js の魅力を存分に引き出し、初心者でも美しいビジュアルを簡単に作成できるよう心がけています。プログラミングの基礎から始まり、段階的に高度な技術や概念にも触れ、豊富な例や実践的な演習を通じて、p5.js を用いてアート作品のアイデアを形にする方法を学ぶ構成となっています。また、コードの背後にある原理や技術も丁寧に解説し、読者が深い理解を得られるように配慮しています。実践的に、手を動かしながら着実に知識をつけていく中で、ご自身の手でプログラムを組み立てていく力を身につけることができるでしょう。

　この本が、p5.js を活用してクリエイティブな可能性を広げるためのリソースとして、多くの方々に活用されることを願っています。

2024年春　國見幸加

■本書で使用するサンプルについて

本書で使用するサンプルは、Future Corers の Web サイト[1]からダウンロードできます。
https://future-coders.net/
適宜ダウンロードし、本書の学習にお役立てください。

1.https://future-coders.net

目次

第1章　はじめに

p5.jsはWebブラウザで動くデザイン/アートのためのJavaScriptのライブラリです。クリエイティブ
コーディングやビジュアルアート、インタラクティブなプログラムを簡単に作成することができます。

p5.jsとは

p5.jsのjsとはJavaScriptを指します。p5.jsはProcessingという開発環境をJavaScriptに移植した
もので、p5とはそのProcessingを指しています。Processingの開発者がサイトを公開しようとし
たとき、processing.orgというドメインが既に使用されていたため、一時的に5をsの代わりとした
proce55ing.orgというドメインを用いたことに由来して、Processingがp5と略されることがあるそ
うです。

　プログラミング言語には、さまざまな種類があります。それぞれのプログラミング言語によって
用途やコードの書き方（文法）が異なります。

　今回取り扱うp5.jsは、JavaScriptというプログラミング言語によって動いています。JavaScript
という言葉をきいたことがある人は多いかもしれません。JavaScriptは、Webページでよく使用さ
れるプログラミング言語です。みなさんがChromeやSafariといったブラウザで閲覧しているWeb
ページの裏では、多くの場合、JavaScriptが動いています。

　p5.jsはビジュアルアートを作成するための機能がまとめられたプログラムです。本書では、p5.js
にまとめられたさまざまな機能を組み合わせながらプログラムを構築していきます。p5.jsのような、
ある用途の機能をまとめたプログラムを「ライブラリ」と呼びます。

　p5.jsは、Processingという開発環境（開発のためのツールが揃ったソフトウェア）をもとにして
作成されています。ちなみに、ProcessingはJavaというプログラミング言語をベースにしています
が、JavaとJavaScriptは全く違うプログラミング言語です。ややこしいですね。メロンとメロンパ
ンくらい違う、などという冗談もあります。

p5.jsの作例紹介

p5.jsはアートやデザインといった視覚的表現に優れています。アート、とまではいかずとも、見て
楽しいものを作って、ブラウザで簡単に実行できるため、手軽にプログラミングに触れることがで
きます。

p5.jsに触れる

　まずはp5.jsを使うとどのようなものを作ることができるのか、見てみましょう。

●作例1

ある条件下での距離になると、円の間に線が引かれます。（作例URL[1]）

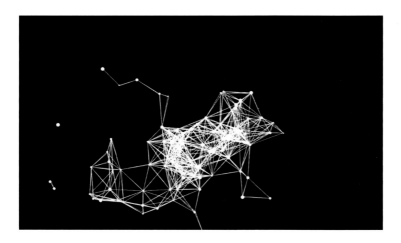

●作例2

繰り返しの条件を使って大量の図形を出力しています。（作例URL[2]）

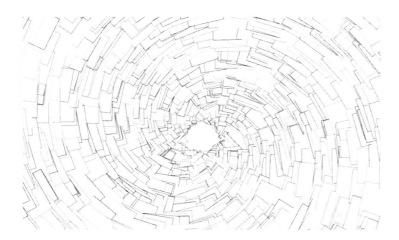

　p5.jsはこのような面白いコンテンツを簡単に作ることができます。本書では多様なサンプルを用いてp5.jsやJavaScriptについて解説していきます。サンプルコードを自分なりに変更しながらいろいろと試すことで、楽しみながらプログラミングへの理解を深めることができます。

Webエディタで動かしてみる

　Web上でp5.jsのプログラムを書いて、そのまま実行（プログラムを実際に動かすこと）までできる

1.https://editor.p5js.org/sachika02050403/full/DLB8kAMNG

2.https://editor.p5js.org/sachika02050403/full/s-EUTM-3j

仕組みがp5.jsの公式サイトで用意されています。p5.jsのサイト[3]にアクセスして試してみましょう。

　サイトにアクセスしたら、画面左のメニューにある「Editor」をクリックしましょう。プログラムを編集するソフトをエディタといいます。

　エディタの画面は左側がプログラム入力画面、右側が実行結果の画面になっています。左側には、デフォルトでプログラムが入力されています。左上の再生ボタンを押すと入力されているプログラムが実行されます。隣にある停止ボタンを押すことでプログラムが停止されます。

3.https://p5js.org/

実行　停止

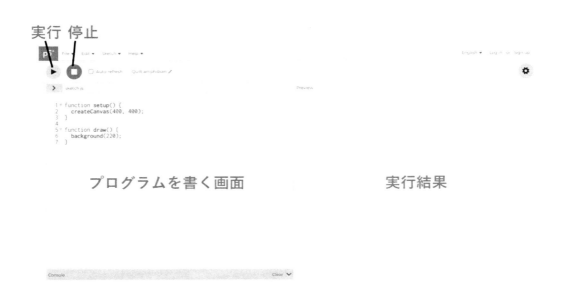

　　　　プログラムを書く画面　　　　　　　　　　実行結果

　試しにデフォルトの状態で実行ボタンを押してみてください。右側の実行結果が表示される画面に、灰色の四角が表示されるはずです。

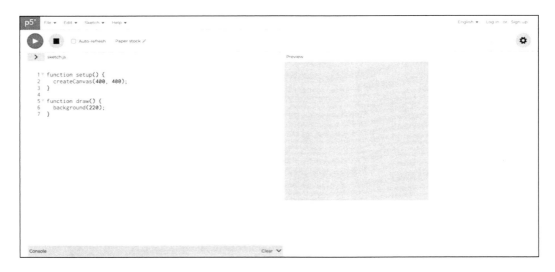

　p5.jsの公式Webサイトには、さまざまなプロジェクトを始めるためのリソースやチュートリアルが用意されています。以下にいくつかサンプル例を示します。URLも掲載しているので、ぜひアクセスして試してみてください。

１．マウスの動きと連動して線を描画するサンプル[4]

２．描いた線が対称的に表示されるサンプル[5]

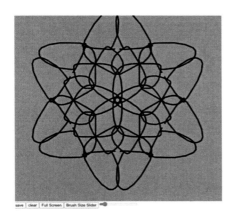

３．マウスでクリックした場所に花が描かれるサンプル[6]

4.https://editor.p5js.org/p5/sketches/Interaction:_WeightLine

5.https://editor.p5js.org/p5/sketches/Interaction:_kaleidoscope

6.https://editor.p5js.org/p5/sketches/Drawing:_Pulses

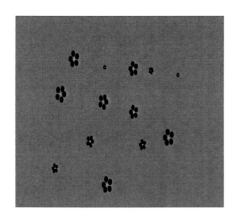

　p5.jsの雰囲気はつかめたでしょうか。次に、以降の作業のために必要な環境設定をします。Windows
とmacOSそれぞれで説明するので、お持ちのパソコンに合わせて環境設定を進めてください。

環境設定

Webエディタのように、プログラムを書いて、実行して、といったことができる環境をローカルに
構築していきましょう。Visual Studio Codeのインストール、ファイルの作成、実行と進めていきま
す。Windowsの場合、macOSの場合、それぞれについて説明します。

Visual Studio Code のインストール

　Visual Studio Codeは、Microsoftが開発しているコードエディタです。しばしばVSCodeと略さ
れます。
　VSCodeは非常に便利で使いやすいエディタです。さまざまな機能を使いこなせるようになれば、
さらに楽しく、快適にプログラミングができるようになります。
　さっそくインストールしてみましょう。

Windowsでのインストール方法
　まず、VS Codeのダウンロードサイト[7]にアクセスします。

7.https://code.visualstudio.com/download

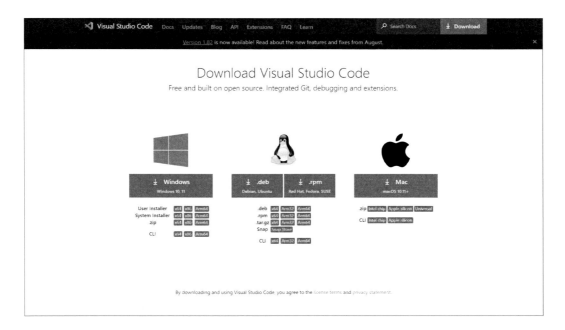

「Windows」と書かれているボタンをクリックして、インストーラーをダウンロードしてください。ダウンロードができたら、インストーラーを起動しましょう。

まず使用許諾契約書に同意しましょう。

次の画面にはいろいろとチェックボックスがありますが特に変更する必要はありません。「次へ」を押してください。デスクトップ上にアイコンを作成したい場合などはチェックをいれてください。

最後に確認の画面が出てきます。「インストール」を押して、インストールを開始しましょう。インストールが完了したらVSCodeを立ち上げてみてください。起動したらインストール成功です。

macOSでのインストール方法

　VSCodeのダウンロードサイト[8]にアクセスします。

8.https://code.visualstudio.com/

「Download Mac Universal」をクリックしてダウンロードを開始して下さい。

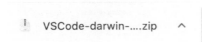

　画像のようにダウンロードが完了したら、zip ファイルをダブルクリックして展開します。
　展開後、Finder へ切り替えて、「ダウンロード」フォルダー内にある Visual Studio Code を「アプリケーション」フォルダーにドラッグ＆ドロップします。

　「アプリケーション」フォルダーをクリックし、「Visual Studio Code」をダブルクリックして下さい。

　開発元が未確認で開けないと忠告された場合は、controlキーを押しながら「Visual Studio Code」をクリックし、「開く」をクリックして下さい。

　「開いてもよろしいですか？」と忠告された場合、「開く」をクリックして下さい。VSCodeが起動できればインストール完了です。

テーマを変更する

　VSCodeはテーマ（画面の色）を変更することが可能です。本書の説明に用いる画面は見やすさを考慮し「Light Modern」のテーマを適用しています。デフォルトの黒いテーマとは見た目が異なりますが内容は同じです。

　テーマの設定は必須ではありませんが、変更する方法を紹介します。まず、画面左下の歯車アイコンをクリックし、「Themes」から「Color Theme」を選択しましょう。

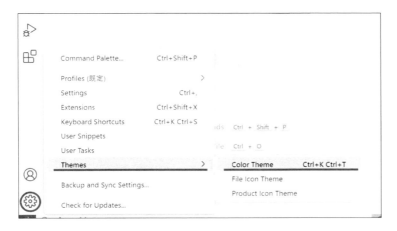

テーマを選択する画面が出てきます。使いやすいものを選択してください。

VSCodeの日本語化——拡張機能の追加

VSCodeは初期設定では言語が英語となっています。VSCodeの拡張機能を使い、メニューなどを日本語化してみましょう。

まず、VSCodeの拡張機能を追加する画面を開きます。左にあるバーのうち上から5つ目にある、四角形が集まっているようなアイコンをクリックします。

これが拡張機能を追加する画面です。VSCodeではさまざまな便利な機能が提供されています。さらにこの拡張機能は、誰もが開発し、公開することができます。扱うプログラミング言語やツールに合わせた拡張機能を追加することで、コーディングがしやすくなったり、作業を短縮できたりします。

今回追加する拡張機能はVSCodeを日本語化するものです。VSCodeを開発しているMicrosoftから、「Japanese Language Pack for Visual Studio Code」という日本語化のための拡張機能が提供されています。画面の検索欄から検索して、この拡張機能を表示させてみましょう。

日本語化の拡張機能が見つかったら、インストールします。「Install」と書かれているボタンを押して、インストールしましょう。

インストールが完了したら、VSCodeを一度閉じ、再度起動します。表示された画面のメニューなどが日本語となっていれば、拡張機能のインストール成功です。

ファイルの作成

パソコンの中の任意の場所に空のフォルダーを作成してください。今回は名前を「tutorial_1」とします。

作成したフォルダーを、先ほどダウンロードしたVSCodeで開いてみましょう。上部メニューの「ファイル→フォルダーを開く」で先ほど作成したフォルダーを選択し開きます。

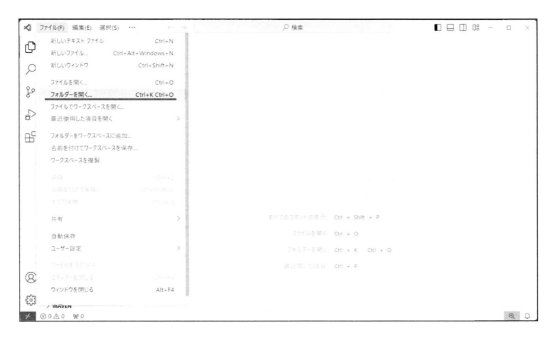

その際、「このフォルダー内のファイルの作成者を信頼しますか？」という画面が出てくるかもしれません。これはマルウェアなどのコンピュータを攻撃するファイルを開こうとしていないか確認するものですが、今回は自分で作成したフォルダーなので問題ありません。「信頼する」をクリックしてください。

フォルダーが開けたら、その中にファイルを追加していきましょう。左側にある「エクスプローラー」と上部に表示されている部分には、開いているファイルやフォルダーが表示されます。今は空のフォルダーを表示しているのでエクスプローラーの一番上に「TUTORIAL_1」とだけ表示されているはずです。「TUTORIAL_1」と表示されている部分にカーソルを合わせると、その横に4つほどアイコンが表示されます。そのうち一番左のアイコンをクリックすると、新しいファイルを追加することができます。

他にも、エクスプローラーの何もない部分を右クリックすると表示されるメニューから、「新しいファイル...」を選択することでもファイルを追加できます。お好きな方法で新しいファイルを追加してください。

新しいファイルは、「index.html」という名前にします。「.html」の部分は拡張子と呼ばれるファイルの種類を示すもので、このファイルがHTMLファイルであることを示しています。HTMLについては、後ほど解説します。

同じ要領で、「tutorial_1」フォルダーの下にもう1つファイルを作成しましょう。名前は、「sketch.js」としてください。「.js」はJavaScriptの拡張子です。p5.jsの「.js」と同じですね。このJavaScriptファイルに記述していく内容が肝となります。

さて、2つのファイルを作成できたでしょうか。手順通りにできていれば、「tutorial_1」フォルダーの下に「index.html」と「sketch.js」の2つのファイルがある状態になっているはずです。VSCodeのエクスプローラーは次のような表示になります。

```
エクスプローラー            ・・・

∨ TUTORIAL_1
  <> index.html
  JS sketch.js
```

正しくファイルを配置できていることが確認できたら、さっそく内容を記述していきましょう。

HTML

まずはindex.htmlから編集していきます。その前に、HTMLについて知っておきましょう。

HTMLは、「Hyper Text Markup Language」の略です。Webページを表現するために用いられる言語で、名前を聞いたことがある人も多いでしょう。マークアップ言語といわれるもので、文書構造を表現します。文書構造を表現、と言ってもイメージしづらいかもしれませんが、例えばこのテキストもただ文章が羅列されているだけではなく、見出しや本文、画像やプログラムのコードといったさまざまな要素で構成されています。HTMLは「<」と「>」で囲まれた「タグ」と呼ばれるものを用いて、これは見出しだよ、これは本文だよ、といったことを伝えます。

HTMLファイルはp5.jsで処理した内容をWebページという形で見えるようにするために必要です。

本書の作業ではJavaScriptファイルの編集が主となるため、HTMLファイルを書き換えることはほとんどありません。

では、HTMLの内容を記述していきましょう。

基本構造

index.htmlの1行目に以下のように記述してください。

```
<!DOCTYPE html>
```

これは、このファイルがHTML5で書かれたことを示すものです。HTMLのバージョンはこれまでに何度か改定されており、ウェブページを表示する際、ブラウザにHTMLのどのバージョンで書かれているかを伝える必要があるため、文書の最初にこれを記述します。

　2行目に、以下のコードを記述してください。

```
<html></html>
```

　これが「タグ」の一種です。タグは基本的に開始タグと終了タグのセットとなっており、この例だと、<html>が開始タグ、</html>が終了タグです。開始タグと終了タグで囲んだ部分がタグで指定した要素として解釈されます。このタグを入れ子のようにしていくことでウェブページを作成していきます。タグで囲んだ部分を、「要素」といいます。
　記述したhtmlのタグは、このタグで囲まれた文書がHTML文書であることを示すタグです。この中にHTMLを記述します。

　記述したhtmlタグの中に、次のタグを記述してください。

```
<html>
  <head></head>
  <body></body>
</html>
```

　このように、htmlタグの中にhead要素とbody要素がある状態がHTMLの基本形ともいえるものです。
　head要素にはページのタイトルや、使用されている文字コードといった情報を記載することができます。本の奥付のようなイメージです。
　body要素の中には実際にページに表示する内容を記載します。

　ここまで書いてみて、タグを書くのが少し面倒だと感じたかもしれません。VSCodeには、タグを補完してくれる機能があります。例えば、headタグを書きたい場合、「head」と入力します。

カーソルの下に候補が出てきます。この候補をクリックするか、この状態でTabキーを押してみてください。

　自動でカッコや終了タグが挿入されました。このようにコードエディタにはプログラミングをサポートする機能がたくさん備わっています。ある程度機能を把握して使いこなせれば、コーディングがかなり楽になります。

head要素

　それではhead要素の中身を記述していきましょう。head要素の中身は以下のように記述してください。

```html
<head>
  <meta charset="utf-8">
  <title>Tutorial</title>
  <script src="https://cdnjs.cloudflare.com/ajax/libs/p5.js/1.7.0
/p5.min.js"></script>
  <script src="./sketch.js"></script>
  <style>
    html, body {
      margin: 0;
      padding: 0;
    }
    canvas {
      display: block;
```

```
        }
    </style>
  </head>
```

量が多いですが、1つずつ解説していきます。

```
<meta charset="utf-8">
```

最初のmeta要素では文字コードを指定しています。タグ名（meta）の横にある「charset」は「属性」と言います。この例では、charset属性を使ってファイルがutf-8という文字コードで記述されていることを示しています。以前はいろいろな文字コードが混在していましたが、今はutf-8という方式が使われることがほとんどです。

```
<title>Tutorial</title>
```

title要素では、ページのタイトルを指定しています。任意のタイトルに変更してもかまいません。ここで指定したタイトルはブラウザのタブなどに表示されます。

```
<script src=…></script>
<script src="./sketch.js"></script>
```

script要素を使うと、JavaScriptをはじめとするプログラム（スクリプト）を文書に埋め込むことができます。script要素の中に直接プログラムを書くこともできますが、今回はsrc属性を使って外部のファイルを読み込んでいます。「src」はsourceの略です。ここでは、2つのプログラムを埋め込んでいます。

最初のscript要素では、インターネット上からp5.jsのプログラムを読み込んで、このページでp5.jsの機能を使えるようにしています。p5.jsの配信元は、cdnjsのサイト[9]に記載されています。cdnjs（Content Delivery Network for JavaScript, CSS, and Images）は、p5.jsのようなJavaScriptのコードなどのデータをインターネット上から高速かつ効率的に提供する仕組みです。

次のscript要素では、先ほど作成したsketch.jsを読み込んでいます。この要素に記載されているsrc属性はsketch.jsへのパス（経路）を相対的に示しています。相対的というのは、index.htmlからみてsketch.jsがどこにあるか、ということです。この表し方を相対パスといい、他にも絶対パスと

9.https://cdnjs.com/libraries/p5.js

いう表し方があります。絶対パスは、そのファイルがどこにあるか、一番上のフォルダーからすべてを書き出す表し方です。

例えるなら、「コンビニってどこにある？」という質問に対して、「ここから大通りに出て左に曲がったらあるよ」と答えるのが相対パス、「〇〇県〇〇市〇〇区〇〇町1-1-1にあるよ」と答えるのが絶対パスです。

今回記述したパスである「./sketch.js」の「./」は、index.htmlと同じフォルダー、つまり、「tutorial_1」フォルダーを示しています。つまり、この要素は、このファイルと同じフォルダーに入っているsketch.jsを読み込んでください、と指示していることになります。

```
<style>~
```

style要素では文書のスタイル（表示形式）を指定できます。スタイルを指定するためのCSSという書き方があり、それにのっとり指定します。ここでは余白の削除と要素の並べ方の指定をしています。

body要素

本来body要素には文章や画像といったコンテンツを入れていきますが、今回表示する必要があるのはp5.jsで作成する画面のみで、その画面はp5.jsのプログラムが自動で画面に挿入してくれるので、body要素の中身は記述しません。

以上でHTMLファイルの編集は完了です。完成したファイルは以下の通りになります。

● tutorial_1/index.html

```
<!DOCTYPE html>
<html>
  <head>
    <meta charset="utf-8">
    <title>Tutorial</title>
    <script src="https://cdnjs.cloudflare.com/ajax/libs/p5.js/1.7.0
/p5.min.js"></script>
    <script src="./sketch.js"></script>
    <style>
      html, body {
        margin: 0;
        padding: 0;
      }
      canvas {
        display: block;
      }
```

```
    </style>
  </head>
  <body>
  </body>
</html>
```

Live Server

　最後に、作成したHTMLファイルを実際にブラウザで表示していきましょう。

　Windowsならエクスプローラー、macOSならFinderからHTMLファイルを開くことで表示はできますが、この方法だとファイルを更新するたびにブラウザでも再読み込みをしなければいけないなどの問題があります。VSCodeを日本語化したときと同じく拡張機能を使って、ファイルを更新したらブラウザの表示も自動更新されるようにしましょう。

　今回使う拡張機能は「Live Server」というものです。拡張機能の画面に「live server」と入力し、検索してください。下図の拡張機能が出てきたら、「インストール」ボタンを押し、インストールしましょう。

　インストールが完了したら、画面右下に「Go Live」という表示が出ます。

```
            canvas {
                display: block;
            }
        </style>
    </head>
    <body>
    </body>
</html>
```

行 20、列 8 　タブのサイズ: 4 　UTF-8 　LF 　HTML 　⊛ Go Live 　◊ Prettier 　△

　VSCodeで編集対象となるフォルダーを開いた状態で、「Go Live」という表示をクリックすると、自動でブラウザが開きます。白い画面が表示されたら成功です。まだHTMLに表示するものが何もないので画面は真っ白になっています。

　試しに何か表示させてみましょう。body要素の冒頭に次のような要素を追加してファイルを保存してください。h1要素は、一番大きな見出しを示す要素です。

```
<body>
  <h1>Hello, World!</h1>
</body>
```

　ファイルを保存したら、ブラウザに表示されている画面が自動で書き換わるはずです。以下のように表示されたら成功です。

Hello, World!

　画面が変わっていることを確認できたら追加したh1要素は削除しておいてください。

　これからさまざまなサンプルが出てきます。演習問題も用意しているので、今回作成したファイルを書き換え続けるのは大変かもしれません。次回以降のために、新たなフォルダーを作成してそ

のフォルダーに対してLiveServerを使う練習もしてみましょう。

　まず、今回作成した「tutorial_1」フォルダーをコピーアンドペーストします。ペーストする先はどこでもよいのですが、今回は「tutorial_1」フォルダーがある場所と同じ場所にペーストしましょう。VSCode上で操作してみます。

　「tutorial_1」フォルダーの親フォルダー（「tutorial_1」フォルダーが格納されているフォルダー）をVSCodeで開きましょう。例として「p5js-textbook」というフォルダーに「tutorial_1」フォルダーが入っているとします。次のような画面になります。

　tutorial_1の上で右クリックをし、出てきたメニューから「コピー」を選択しましょう。

　次に、エクスプローラー上の何もない部分で右クリックをし、出てきたメニューから「貼り付け」
を選択します。

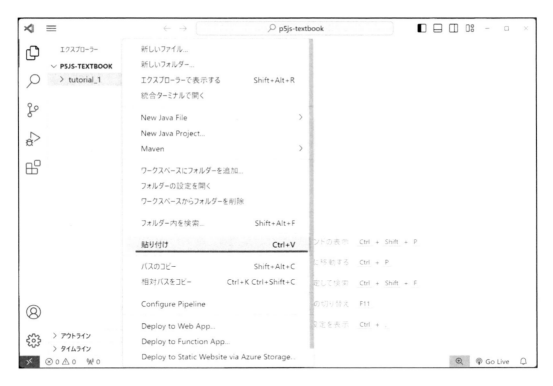

　「tutorial_1」フォルダーの下に「tutorial_1 copy」というフォルダーが作成されるはずです。名前を任意のものに変更しましょう。右クリックで出るメニューから「名前の変更...」を選択すると変更することができます。今回は「tutorial_2」と名付けます。

　この状態でLiveServerを起動してみましょう。

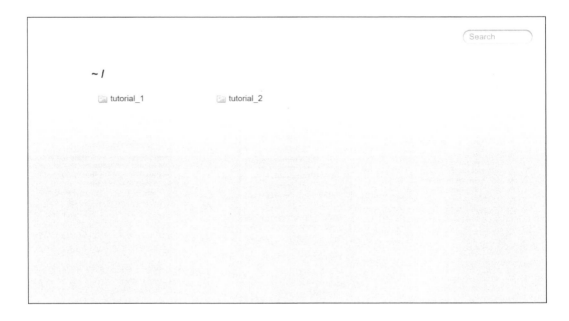

フォルダーが表示されます。開きたい方のフォルダーをクリックすると、そのフォルダーのページが表示されます。

LiveServerで立ち上げたページのURLは「http://127.0.0.1:[5500などの番号]/[フォルダー名]/」となっています。ブラウザのURLが表示されている部分からフォルダー名の部分を開きたいフォルダー名に変えても、ページが切り替わります。

開きたいフォルダーのindex.htmlを選択した状態で「Go Live」ボタンを押すと、そのページが表示されます。この方法でも任意のページを表示することができます。

以上がフォルダーの複製の方法です。必要に応じてフォルダーを増やしてみてください。

以上で環境設定は完了です。本書の最後に各章の演習を用意しています。学習した内容を確認する場として活用してください。次章からはいよいよsketch.jsを編集し、p5.jsとプログラミングの基礎を学んでいきます。

プログラミングの世界へようこそ！

第2章　描画命令

いよいよp5.jsに触れていきます。まずは簡単な図形などの描画からはじめて、p5.jsの基礎を習得していきましょう。

描いてみる

p5.jsの基本機能は図形の描画です。第一歩として、基本的な図形の描画方法や、図形の色や枠線の太さを変更する方法を学びましょう。

キャンバスを表示する

まずは真っ白な状態のページに何かを表示させてみましょう。sketch.jsに次のように記述してください。

● 2_1_createCanvas/sketch.js

```
function setup() {
  createCanvas(400, 400);
  background(200, 200, 200);
}
```

ファイルを更新したら、保存してブラウザの画面を確認してください。

上図のように、ページに灰色の四角が表示されたら成功です。もし出ない場合は、index.htmlかsketch.jsに書き間違いがあるかもしれません。サンプルの通りに書けているか確認してみてくだ

さい。

この灰色の四角は**キャンバス**といって、p5.jsの画面のようなものです。絵を描くキャンバスと同じです。キャンバスの外側に描画はできません。

ところで、2行目や3行目の行末に;（セミコロン）が入力されていますが、これはJavaScriptにおいて文と文の区切りを示すものです。しかしセミコロンを入力しなくてもプログラムは実行できます。これはプログラムをコンピュータに読み込ませるときに自動でセミコロンを入力してくれる仕組みがJavaScriptにあるためです。そのため、サンプルではセミコロンを付けますが、省略しても構いません。

関数

コードの解説をする前に、プログラミングの基本である**関数**について説明します。

プログラミングの世界では、関数とは処理のまとまりを意味します。例えば、歯磨きを考えてみましょう。作業内容をざっくりと分解すると以下のようになるでしょう。

歯磨きをする：
・歯磨き粉を歯ブラシにつける
・歯ブラシを動かして歯を磨く
・水で口をすすぐ

歯磨きという単語があるおかげで、都度細かい作業手順を説明しなくても、意図を伝えられるようになります。プログラミングの関数もこれと同じです。関数は一連の処理をまとめ、再利用可能なコードの塊として定義します。「歯磨きをする」という関数を作っておけば、コンピュータに「歯磨き粉を歯ブラシにつけて、歯ブラシを動かして……」と毎回説明しなくても、「歯磨きをして」と指示するだけで済むようになります。

関数には**定義**と**呼び出し**があります。これらを区別することが大切です。

・定義　　＝　関数がどういう処理をするのか指定すること
・呼び出し＝　定義された関数を実行すること

関数は次のように定義します。

```
function 関数名(){
    処理内容
}
```

波括弧で囲まれた部分に処理を記述します。括弧がたくさんありますが、今はこういうものだと理解してください。関数の定義については第11章「関数」で改めて解説します。

これを踏まえてキャンバスを表示させたコードを改めて見てみましょう。

```
function setup() {
  createCanvas(400, 400);
  background(200, 200, 200);
}
```

コードはfunction setup(){…で始まっています。これは、setupという名前の関数を定義する、という意味です。

処理内容を見ていきましょう。この部分では2つの関数を呼び出しています。関数の呼び出しは、以下のように行います。

関数名();

setup関数の中では、createCanvas関数とbackground関数を呼び出しています。丸括弧の中に数字が書かれていますね。この数字を関数の**引数（ひきすう）**と言います。この引数の値を変えることで、処理の内容も変わります。関数によって引数の数、役割は異なります。引数が複数ある場合、カンマで区切ります。2つの関数の機能と引数の役割を見てみましょう。

createCanvas関数はキャンバスを作成する関数です。p5.jsでは必須の関数です。

◇ createCanvas(w, h)：幅w、高さhのキャンバスを作成する（単位はピクセル）。
　w……幅
　h……高さ

コードでは、幅400ピクセル、高さ400ピクセルのキャンバスを作成しています。

background関数は、キャンバスの背景色を設定する関数です。色を指定する方法はいろいろあります。今回はRGBという方法を使用しています。RGBについては、この後説明します。

◇ background(r, g, b)：キャンバスの背景を指定した色で塗りつぶす。
　r……赤の割合
　g……緑の割合
　b……青の割合

引数を「200, 200, 200」と指定すると灰色になります。そのため、400×400ピクセルの灰色の正方形が表示されました。

キャンバスを表示したコードでは

- setup関数を定義している
- setup関数ではcreateCanvas関数とbackground関数を呼び出している

とわかりました。

　関数は呼び出しをしなければ実行されません。今回sketch.jsでは、setup関数の呼び出しはしていません。それなのにsetup関数の処理が実行されているのは、setup関数がp5.jsにおいて特別な関数だからです。setupと名付けられた関数はプログラムが始まるときに1度だけ自動的に呼び出されます。

　また、定義をしていない関数を呼び出すこともできません。コード内でcreateCanvas関数とbackground関数の定義を行っていないのに呼び出しができているのは、p5.jsで定義されているためです。p5.jsでは描画のための関数がたくさん定義されています。

描画の基本的な考え方

　これからさまざまな描画のための関数を紹介していきます。その前に、いくつか把握しておきたい概念・考え方について説明します。

色指定

　赤、緑、青、この3つの光を組み合わせることでいろいろな色を表現することができます。

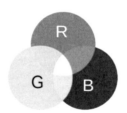

　プログラミングの世界でも同じ手法を使います。赤、緑、青の3つの光の強さを変えることでいろいろな色を表現します。それぞれの色の値は0〜255の範囲で指定します。255は一番光が強く、0は光がないことを表します。

　例えば、RGBで色を表現すると以下のようになります。

- (255, 0, 0) ……赤
- (100, 0, 0) ……暗い赤（赤の光が弱い）
- (0, 255, 0) ……緑
- (0, 0, 255) ……青
- (255, 255, 0) ……黄色
- (255, 255, 255) ……白（すべての光が最大の場合は明るい白になります）

・(0, 0, 0) ……黒（すべての光が無い場合は黒になります）

座標

　座標とは画面上の場所を指定する仕組みです。p5.jsではキャンバスの左上が原点 (0,0) です。そこから右へ行くとx軸方向の数字が大きくなり、下方向へ行くとy軸方向の数字が大きくなります。

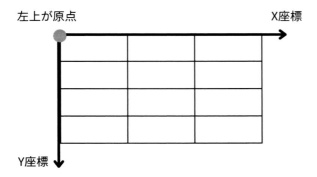

主な描画関数

　作成したキャンバス上に図形を描いてみましょう。図形を描くのも、関数を使って行います。基本的な図形を描く関数を紹介します。

ellipse 関数

　ellipse関数は円を描画します。関数の引数には省略可能なものがあります。省略可能な引数を省略した場合、自動で決められた値が設定されます。関数を紹介する際、省略可能な引数は [引数] という形で記述していきます。

◇ellipse(x, y, w, [h])：座標 (x, y) を中心点とする高さw、幅hの円を描画する（単位はピクセル）。
　　x……中心点のx座標
　　y……中心点のy座標
　　w……幅
　　h……高さ（省略時は幅と同じになる）

　ellipse関数の引数で指定するx座標とy座標は、円の中心です。試しに円を描画してみましょう。次のように記述してください。

●2_2_ellipse/sketch.js

```javascript
function setup() {
  createCanvas(400, 400);
  background(200, 200, 200);
  ellipse(200, 200, 200, 200);
}
```

　キャンバスの中心に円が描画されました。4つの引数がすべて200ですが、座標(200, 200)を中心とした幅200ピクセル、高さ200ピクセルの円を描画せよ、という命令です。次図のようなイメージです。また、このように幅と高さが同じ場合、高さの引数を省略しても構いません。ellipse(200, 200, 200);でも同じように描画されます。

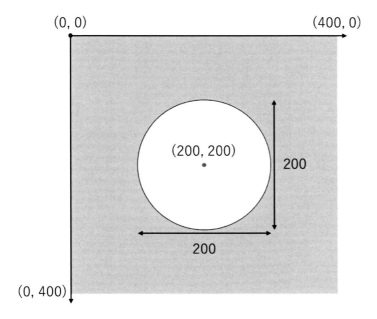

また、引数を変えれば、楕円を描画することもできます。ellipse(200, 200, 220, 250); と書き換えてみてください。楕円が表示されます。

rect関数

rect関数は長方形を描画します。

◇ rect(x, y, w, [h])：左上の角が座標(x, y)の幅w、高さhの長方形を描画する（単位はピクセル）。
　　x……左上角のx座標
　　y……左上角のy座標
　　w……幅

h……高さ（省略時は幅と同じになる）

ellipse関数と引数の役割は同じですが、指定する座標が中心ではなく、左上の点なので注意してください。長方形を描画してみましょう。次のように記述してください。

●2_3_rect/sketch.js

```
function setup() {
  createCanvas(400, 400);
  background(200, 200, 200);
  rect(100, 100, 200, 200);
}
```

キャンバスの中心に正方形が表示されました。左上の座標を(100, 100)として、幅200ピクセル、高さ200ピクセルの長方形を描画せよ、という命令です。円と同様、高さを指定する4番目の引数を省略したrect(100, 100, 200);でも同じものが描画されます。

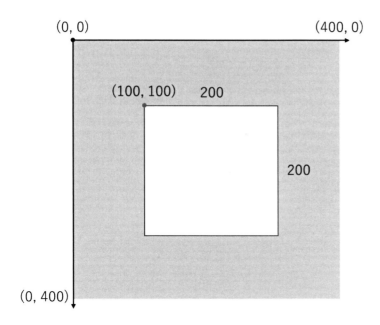

その他の関数

　円、長方形以外にもさまざまな図形を描く関数があります。

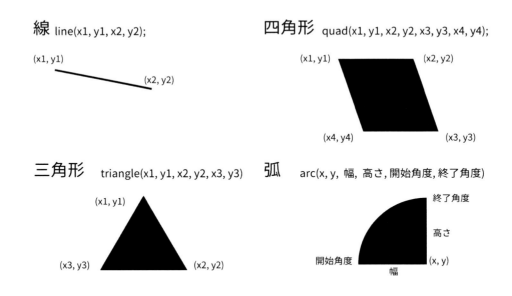

線 line(x1, y1, x2, y2);

四角形 quad(x1, y1, x2, y2, x3, y3, x4, y4);

三角形 triangle(x1, y1, x2, y2, x3, y3)

弧 arc(x, y, 幅, 高さ, 開始角度, 終了角度)

塗りつぶし・枠線

描画する図形の色や枠線の太さといった要素の設定を行うのがコンテキスト命令です。図形を描く

コンテキスト命令と描画命令

　絵具を使って絵を描く場面を想像してください。太さに応じた筆を選び、塗りたい色の絵具をつけます。そのあとで、キャンバスの上で筆を動かして描画します。プログラミングでの描画も同じ手順で行います。

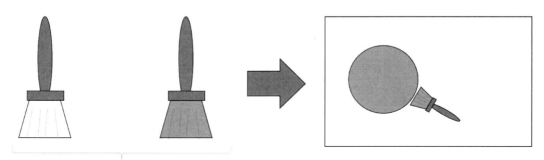

筆を選んで色を付ける　　　　　　　　　キャンバスに描画する

　筆を選んで、筆に色を付ける、ここまでの作業ではキャンバスに絵は描かれません。このような「どんな太さ、どんな色」などの設定を**描画コンテキスト**と呼びます。

　p5.jsでは、コンテキストを設定した後で実際に描画を行います。描画した後でコンテキストを設定しても意図した結果にはなりません。絵筆で塗った後に筆を持ち替えても、キャンバスの内容が変わらないのと同じです。「コンテキスト命令→描画命令」という基本の流れを押さえておきましょう。

　色が変わらない、意図した色にならない、そんな状況になった場合には、コンテキストが正しく設定されているか確認してください。

主なコンテキスト命令

　実際にどのようにコンテキストを設定するのか見ていきましょう。コンテキストの設定も、関数を使って行います。

fill 関数

　fill関数では、図形を塗りつぶす色を指定できます。

◇fill(r, g, b)：指定した色で図形を塗りつぶす。
　r……赤の割合
　g……緑の割合
　b……青の割合

　background関数と同じように、RGBで色を指定できます。図形に色を付けてみましょう。以下のように記述してください。

●2_4_fill_1/sketch.js

```
function setup() {
  createCanvas(400, 400);
  background(200, 200, 200);
  fill(255, 0, 0);
  ellipse(200, 200, 200);
}
```

　赤い円が描画されました。一度設定されたコンテキスト命令は新たなコンテキスト命令によって
設定が変更されるまで有効です。そのため、次のように2つの円を描くようにコードを書き換えた
場合、どちらの円も赤くなります。

```
function setup() {
  createCanvas(400, 400);
  background(200, 200, 200);
  fill(255, 0, 0);
  ellipse(100, 200, 100);
  ellipse(300, 200, 100);
}
```

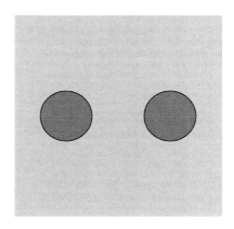

　2つの円を違う色で塗りつぶしてみましょう。2つ目のellipse関数の前にfill関数を追加し、青く塗りつぶします。左に赤い円が、右に青い円が描画されます。

● 2_5_fill_2/sketch.js

```
function setup() {
  createCanvas(400, 400);
  background(200, 200, 200);
  fill(255, 0, 0);
  ellipse(100, 200, 100);
  fill(0, 0, 255);
  ellipse(300, 200, 100);
}
```

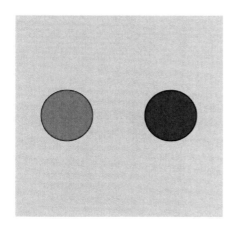

```
function setup() {
    createCanvas(400, 400);
    background(200, 200, 200);
    fill(255, 0, 0);
    ellipse(100, 200, 100);
    fill(0, 0, 255);
    ellipse(300, 200, 100);
}
```

赤く塗りつぶす

青く塗りつぶす
（設定変更）

コンテキストを変更したらその後の描画に変更が適用され続けるということを覚えておきましょう。

noStroke 関数

noStroke関数は図形の枠線を描かないようにすることができます。引数はありません。

◇noStroke()：図形の枠線を消す。

次のコードを実行すると、noStroke関数を実行した後に描画された円には枠線がなくなっていることがわかります。

● 2_6_noStroke/sketch.js

```
function setup() {
  createCanvas(400, 400);
  background(200, 200, 200);
  ellipse(100, 200, 100);
  noStroke();
  ellipse(300, 200, 100);
}
```

stroke関数

　stroke関数は枠線の色を指定します。

◇stroke(r, g, b)：枠線の色を指定されたものにする。
　　r……赤の割合
　　g……緑の割合
　　b……青の割合

　色はfill関数と同じようにRGBで指定することができます。次のコードでstroke関数が枠線の色を変更していることが確認できます。左の円は枠が黒色（デフォルト色）、右の円は枠が赤色で描画されます。

● 2_7_stroke/sketch.js

```
function setup() {
  createCanvas(400, 400);
  background(200, 200, 200);
  ellipse(100, 200, 100);
  stroke(255, 0, 0);
```

```
    ellipse(300, 200, 100);
}
```

strokeWeight関数

　strokeWeight関数は枠線の太さを変更することができます。

◇strokeWeight(w)：枠線の太さを指定されたものにする。
　w：枠線の太さ（ピクセル）

　次のコードでstrokeWeight関数が枠線の太さを変更していることが確認できます。

● 2_8_strokeWeight/sketch.js

```
function setup() {
  createCanvas(400, 400);
  background(200, 200, 200);
  ellipse(100, 200, 100);
  strokeWeight(5);
  ellipse(300, 200, 100);
}
```

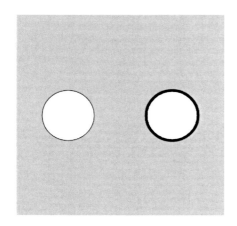

使ってみよう

ここまでで登場した描画命令とコンテキスト命令を使ったサンプルを見てみましょう。実際にコードを打ち込んで実行してみてください。

サンプル1

　日本の国旗を描画してみましょう。旗の形は縦横比が2：3、日の丸の直径は縦の5分の3です。

●2_9_japan/sketch.js

```
function setup() {
  createCanvas(400, 400);
  background(200, 200, 200);
  noStroke();
  rect(50, 100, 300, 200);
  fill(188, 0, 45);
  ellipse(200, 200, 120);
}
```

　rectやellipseといった描画関数の前にnoStroke関数を実行しているため、図形の枠線がなくなっています。日の丸が赤くなるように、ellipse関数の前でfill関数を実行し紅色で図形を塗りつぶすよう設定しています。

　旗の白い部分の描画命令（rect関数）の後に日の丸の部分の描画命令（ellipse関数）を記述しています。この順番が重要です。プログラムの命令は上から順番に実行されていきます。p5.jsでは、描画する図形が重なり合う場合、後に命令されたものを上に描画します。絵を描くときをイメージしてください。上から重ね塗りをすれば、後から塗ったものが一番上に見えます。

　重なり合う図形を描画したい場合は、命令を記述する順番にも注意してください。

　改めてこのプログラムがどのように動作しているか順を追って確認してみましょう。

① createCanvas(400, 400);
　400×400ピクセルのキャンバスを作成します。
② background(200, 200, 200);
　キャンバスの背景を灰色に設定します。

③ noStroke();

以降に描画される図形の枠線をなくすよう設定します。

④ rect(50, 100, 300, 200);

左上の座標が(50, 100)で、幅300ピクセル、高さ200ピクセルの長方形を描画します。まだfill関数を使っていないため、デフォルトの設定である白色で塗りつぶされます。

⑤ fill(188, 0, 45);

以降に描画される図形を紅色で塗りつぶすよう設定します。

⑥ ellipse(200, 200, 120);

中心の座標が(200, 200)の、直径120ピクセルの円を描画します。円は直前のfill関数の設定によって紅色に塗りつぶされます。またすでに描画されている長方形の上に描画されます。

サンプル2

図形を重ね合わせて三日月を表示させてみます。次のコードを実行してください。

●2_10_moon/sketch.js

```
function setup() {
  createCanvas(400, 400);
  background(0, 0, 0);
  noStroke();
  ellipse(200, 200, 200);
  fill(0, 0, 0);
  ellipse(220, 180, 200);
}
```

白い円の上にキャンバスと同じ黒の円を重ねています。どうなっているのかわかりやすくするために、キャンバスの色を灰色にしてみましょう。

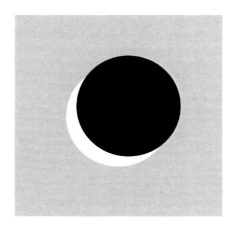

図形の重ね合わせも使っていろいろな形を表示してみてください。

文字

p5.js で文字を表示する方法を紹介します。

文字表示の基本

画面に文字を表示させたい、というときがあると思います。文字は text 関数を使って表示します。

◇ text(str, x, y)：座標 (x, y) を左下隅として文字 str を表示する。
　str……表示する文字
　x……左下隅の x 座標
　y……左下隅の y 座標

文字サイズは textSize 関数で変更します。文字の色は図形と同じく、fill 関数で変化させることができます。

◇ textSize(s)：文字サイズを指定した大きさにする。
　s……文字サイズ（ピクセル）

次のコードを実行してください。

●2_11_text_1/sketch.js
```
function setup() {
  createCanvas(400, 200);
  background(220);
  textSize(32);
  fill(0, 102, 153);
```

```
  text('Hello, p5.js!', 200, 100);
}
```

Hello, p5.js!

「Hello, p5.js!」という文字列が表示されました。文字はfill関数で指定した色になっており、fill関数が文字色も変更することがわかります。

プログラミングで文字列を表現するときは、文字を「"」（ダブルクォーテーション）か「'」（シングルクォーテーション）で囲みます。text関数の1つ目の引数には文字列のほかに数値なども入れることができます。数値を入れる場合はクォーテーションマークは必要ありません。text(Hello, p5.js!, 200, 200);だとクォーテーションマークがないためエラーになりますが、text(5, 200, 200);だと「5」という文字が表示されます。

textAlign

text関数で指定する座標は、文字の左下の部分の座標です。そのため、上記のコードでは座標をキャンバスの中央に指定していましたが、文字が右寄りに表示されていました。これは文字を画面中央に表示したいときに不便です。文字の座標指定の設定はtextAlign関数で変えることができます。

◇textAlign(horizAlign, [vertAlign])：text関数で指定する座標の位置を設定する。
　horizAlign……水平方向の配置（LEFT、CENTER、RIGHT）
　vertAlign……垂直方向の配置（TOP、BOTTOM、CENTER、BASELINE）

　1つ目の引数には、LEFT（左）、CENTER（中央）、RIGHT（右）のいずれかを指定できます。2つ目の引数にはTOP（上）、BOTTOM（下）、CENTER（中央）、BASELINE（アルファベット用の揃え方）のいずれかを指定できます。デフォルトではtextAlign(LEFT, BOTTOM);の状態です。それぞれ、次のイメージです。

textAlign(LEFT,BOTTOM)	Hello,p5.js
textAlign(CENTER, CENTER);	Hello,p5.js
textAlign(CENTER,BASELINE);	Hello,p5.js
textAlign(RIGHT,TOP);	Hello,p5.js

textAlign 関数を使って、先ほどの「Hello, p5.js!」という文字列を中央に配置してみましょう。

●2_12_text_2/sketch.js

```
function setup() {
  createCanvas(400, 200);
  background(220);
  textSize(32);
  textAlign(CENTER, CENTER);
  fill(0, 102, 153);
  text('Hello, p5.js!', 200, 100);
}
```

Hello, p5.js!

第3章　変数

変数はプログラミングにおいてとても重要な概念です。変数を用いることでコードをわかりやすく簡潔に書けるようになるほか、p5.jsでは動きのある作品を作れるようになります。

変数の基本

まずは変数の役割と使い方を学んでいきましょう。変数を使いこなせるようになることが、プログラミングを習得することの第一歩です。なじみのない概念に戸惑うこともあるかもしれませんが、コードを読んだり、書き写したり、自分で書き換えてみたりして、ものにしていってください。

サンプル「ロボット」

変数はデータを入れておく箱のようなものです。名前の付いた箱の中にデータを入れたり、取り出したり、中身を入れ替えたりする様子をイメージしてください。

実際にプログラムの中で変数がどのように用いられるか見ていきましょう。例えば以下のようなコードがあるとします。

今回コード内に「//」（スラッシュ2つ）から始まる部分がいくつか出てきています。これは**コメント**といいます。//から行末までがコメントとなり、プログラムに影響を及ぼしません。関数がどういう働きをするのか説明するなど、コードの補足に用いられます。

● 3_1_robot_1/sketch.js

```
function setup() {
  createCanvas(400, 400);
  background(200, 200, 200);

  //輪郭
  rect(10, 10, 150, 150);
  //目
  rect(40, 60, 20, 10);
  rect(110, 60, 20, 10);
  //口
  rect(60, 110, 50, 10);

  //輪郭
  rect(200, 10, 150, 150);
  //目
```

```
  rect(230, 60, 20, 10);
  rect(300, 60, 20, 10);
  //口
  ellipse(275, 110, 50, 30);
}
```

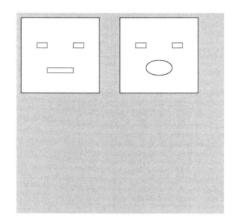

　実行すると2体のロボットの顔のようなものが描画されます。

　このロボットたちはなんだかあまりかわいくありませんね。試しにロボットの目をもう少し大きくしてみましょう。それぞれの目を描画しているrect関数の、高さを指定する引数を変化させてみます。

```
function setup() {
  createCanvas(400, 400);
  background(200, 200, 200);

  //輪郭
  rect(10, 10, 150, 150);
  //目
  rect(40, 60, 20, 20);
  rect(110, 60, 20, 20);
  //口
  rect(60, 110, 50, 10);

  //輪郭
  rect(200, 10, 150, 150);
  //目
  rect(230, 60, 20, 20);
  rect(300, 60, 20, 20);
```

```
  //口
  ellipse(275, 110, 50, 30);
}
```

　少し愛嬌が出たのではないでしょうか。この変更をするのに、4つの引数を書き換えなければいけませんでした。例えばさらに微調整してもっとよい目の大きさを探したい場合、いちいち4つの引数を書き換えるのは少し面倒です。そこで変数の登場です。目の大きさを管理するための変数を作って、まとめて変更できるようにします。

変数の宣言、代入

　変数宣言とは、変数という箱を作ることです。JavaScriptでは次のようにして変数を宣言します。

```
let 変数名;
```

　letというキーワードをはじめに記述することで、変数を宣言することができます。これで、データの入っていない空っぽの箱が用意されます。また次のようにカンマで区切って一度に複数の変数を宣言することもできます。

```
let 変数名1, 変数名2
```

　こうして用意された箱にデータを入れることを代入といいます。代入は次のようにして行うことができます。

```
変数名 = データ;
```

　「=」は算数のイコールとは違い、右辺のデータを左辺の変数に格納するという意味になります。変

数とデータが等しいという意味ではないので注意しましょう。図にすると次のようなイメージです。

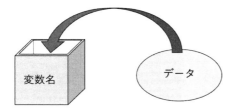

また次のように書くことで変数を宣言する際に最初の値を決めておくこともできます。

```
let 変数名 = 初期値;
```

変数に格納されたデータを参照する方法は簡単です。必要な部分で、宣言した変数名を記述すれば、変数に代入された値として機能してくれます。

変数を使って、ロボットの目の大きさを簡単に変えられるようにしましょう。変数を組み込んだコードは次のようになります。

● 3_2_robot_2/sketch.js
```javascript
function setup() {
  let eye_size = 10;
  createCanvas(400, 400);
  background(200, 200, 200);

  //輪郭
  rect(10, 10, 150, 150);
  //目
  rect(40, 60, 20, eye_size);
  rect(110, 60, 20, eye_size);
  //口
  rect(60, 110, 50, 10);

  //輪郭
  rect(200, 10, 150, 150);
  //目
  rect(230, 60, 20, eye_size);
  rect(300, 60, 20, eye_size);
  //口
  ellipse(275, 110, 50, 30);
}
```

最初にeye_sizeという名前で目の大きさを管理する変数を宣言し、初期値を代入しています。目を描画するrect関数の4つ目の引数としてeye_size変数を呼び出し、格納したデータを参照しています。eye_size変数の初期値を変更するだけですべての目の大きさが変わります。

変数の代入も活用してみましょう。1体目のロボットを描画する前でeye_size変数の値を10に、2体目のロボットを描画する前では20に設定することで2体のロボットの目の大きさを変えています。

```
function setup() {
  let eye_size;

  createCanvas(400, 400);
  background(200, 200, 200);

  eye_size = 10;
  //輪郭
  rect(10, 10, 150, 150);
  //目
  rect(40, 60, 20, eye_size);
  rect(110, 60, 20, eye_size);
  //口
  rect(60, 110, 50, 10);

  eye_size = 20;
  //輪郭
  rect(200, 10, 150, 150);
  //目
  rect(230, 60, 20, eye_size);
  rect(300, 60, 20, eye_size);
  //口
  ellipse(275, 110, 50, 30);
}
```

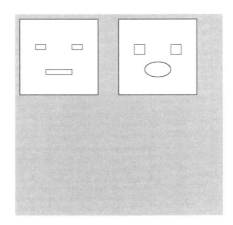

基本的な型

データにもいろいろな種類があります。データの種類をデータ型と言います。ここでは基本的なデータ型を学びます。変数に格納されているデータがどのような種類のものか把握しておくことは、とても大切なことです。

数値 number

数値は、p5.jsで最もよく扱うデータ型です。座標や図形の大きさを扱うときに使います。単純に数字を入力した場合、数値としてコンピュータに認識されます。

次の例では、数値のデータを変数に格納しています。

```
let a = 10;
```

文字列 string

文字列は、文字や文字の集まりのデータです。p5.jsではtext関数の引数などで使うことがあります。

文字列であることを示すためには、文字を「"」（ダブルクォーテーション）か「'」（シングルクォーテーション）で囲みます。

次の例では、text関数の引数として文字列のデータを格納した変数を使っています。

```
let greeting = "ごきげんいかがですか";
text(greeting, 100, 100);
```

真偽値 boolean

真偽値は、真（true）か偽（false）のどちらかを示すデータです。まだ登場していませんが、if文という条件分岐のコードを書くようになると、よく使うようになります。

四則演算

JavaScriptで基本的な四則演算（足算、引算、掛算、割算）を行う方法を確認します。動きのある作品には必須の処理です。

基本的な構文

四則演算などの処理をした結果は変数に格納して保存します。以下のような形が基本形です。

```
変数 = 演算
```

例えば、1+1の結果を変数に保存したい場合は以下のようになります。

```
let result;
result = 1+1;
```

result変数を宣言し、1+1という処理の結果をresult変数に代入しています。算数の「1+1=2」という式と使う記号は同じですが、意味は異なるので注意しましょう。

変数同士で計算することもできます。変数に格納されている数値を参照し演算を行います。例えば次のコードでは、result変数には1+2の演算結果が格納されます。

```
let a = 1;
let b = 2;
let result = a + b
```

加算・減算

加算と減算は算数と同じ「+」と「-」の記号を使って行います。プログラミングの世界では計算をはじめとする処理を**演算**といい、演算に用いる記号を**演算子**といいます。例えば+は加算を行う演算子なので加算演算子、-は減算演算子と言います。

```
a+b
a-b
```

加算、乗算については、変数に記号を2つ付けることで1だけ増やす、1だけ減らすこともできます。

```
//a = a+1と同じ
a++
//b = b-1と同じ
b--
```

　上記コードのコメントで登場したa=a+1では、a変数に格納されている値を1増やした数値をa変数に代入しています。こうした、「変数に格納された数から、ある数値分だけ加算・減算した数値を同じ変数に代入したい」という場面はよくあります。そうした処理は以下のように簡単に記述することができます。

```
//a = a+bと同じ
a += b
//a = a-bと同じ
a -= b
```

乗算・除算・剰余

　乗算では算数で用いる「×」（かける）ではなく「*」を用います。また、除算では「÷」ではなく「/」を用います。

```
a*b
a/b
```

　また、加算・減算と同じく、変数を処理した内容をその変数に代入する書き方ができます。

```
//a = a*bと同じ
a *= b
//a = a/bと同じ
a /= b
```

　また、乗算の演算子を重ねることでべき乗の計算ができます。除算に用いるスラッシュを2つ重ねた場合は、すでに説明したようにコメントを示します。

```
a**b
```

　剰余を求めることもできます。剰余とは割り算の「あまり」のことです。剰余の計算には「%」を用います。

```
a%b
```

剰余はあまりなじみがないと思うので具体的な例を用いて説明します。

```
let x = 10%3
let y = 8%2
```

上記の場合、x変数には10を3で割ったときのあまりである1が格納されています。また、8は2で割り切れるのであまりなし、つまり0がy変数に格納されています。剰余が使える場面は意外とあります。覚えておきましょう。

括弧

四則演算が混ざっている場合のルールは算数と同じです。乗算・除算が先に計算され、加算・減算はその後です。ただし、括弧で囲まれた部分の計算は乗算・除算よりも先に行われます。

```
let a = 6+2*3
let b = (6+2)*3
```

上記の例では、a変数には12が代入されます。2*3が先に計算されるためです。b変数の場合は括弧内の6+2が先に計算されるため、24が代入されます。

画面に動きを出す──draw関数

少しずつ変化する静止画を素早く切り替えて表示すると動いているように見えます。アニメーションや映画などの動画で使用されている表現方法です。p5.jsでも同じような手法で動画を表現します。そこで登場するのがdraw関数です。このdraw関数は一定間隔で何度も呼び出されます。この関数で少しずつ描画内容を変化させることで動きを表現します。

draw関数

変数と四則演算を用いて、これまで静止していた画面に動きを出してみましょう。以下のコードを実行してください。

● 3_3_draw_1/sketch.js
```
let x = 0;
function setup(){
  createCanvas(400, 400);
  background(200, 200, 200);
}

function draw(){
  rect(x, 150, 100, 100);
  x++;
```

```
}
```

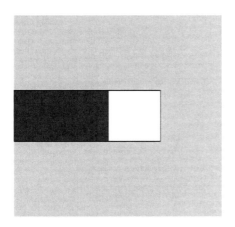

　正方形が黒い跡を残しながら左から右へ動いていきます。

　まず、新しく登場したdraw関数について説明します。draw関数はsetup関数と同じく、p5.jsから自動で呼び出される特別な関数です。setup関数が実行された後に、繰り返し実行されます。

　これまではすべての処理をsetup関数に記述していました。setup関数はプログラムが始まるときに1度だけ呼び出されます。図形を並べるだけの動きのないサンプルでは、setup関数だけで十分でしたが、動きのあるサンプルではdraw関数が必要になります。2つの関数の使い分けはざっくり次の通りです。

・setup関数：キャンバス作成などの初期設定を行う。
・draw関数：描画処理や変数の更新などを繰り返し行う。

　setup関数とdraw関数については、次章でも詳しく説明します。

　このコードの実際の処理は、次のように行われています。

```
setup          createCanvas(400, 400);
               background(200, 200, 200);

draw 1回目      rect(x, 150, 100, 100);
               x++;

draw 2回目      rect(x, 150, 100, 100);
               x++;

draw 3回目      rect(x, 150, 100, 100);
               x++;

draw 4回目      rect(x, 150, 100, 100);
               x++;
```

x変数をx座標とする正方形を描画して、x変数の値を1増やす、これの繰り返しです。

　正方形が通った後に黒い跡が残っていますが、これは描画した正方形が残っているためこのように見えます。正方形の左側の部分が大量に連なっているのです。正方形の大きさやx変数を増やす量を調整して、正方形がたくさん描画されていることを確認してみましょう。以下のコードを実行してください。

● 3_4_draw_2/sketch.js

```
let x = 0;
function setup(){
  createCanvas(400, 400);
  background(200, 200, 200);
}

function draw(){
  rect(x, 190, 20, 20);
  x += 25;
}
```

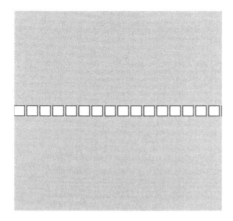

　draw関数によって正方形がたくさん描画されていることがわかりました。

　これを1つの正方形が滑らかに移動しているように表示するには、draw関数の最初で画面をクリアする処理を実行します。draw関数のはじめにbackground関数を追加しましょう。

● 3_5_draw_3/sketch.js

```
let x = 0;
function setup(){
  createCanvas(400, 400);
  background(200, 200, 200);
}

function draw(){
  background(200, 200, 200);
  rect(x, 150, 100, 100);
  x++;
}
```

background関数なし

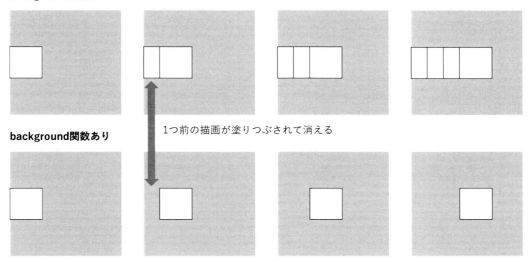

background関数あり

1つ前の描画が塗りつぶされて消える

　1つの正方形が左から右へ滑らかに移動するようになりました。改めて、このコードの処理を順番に確認していきます。

１．let x = 0;
　　x 変数を宣言、初期値として 0 を代入
２．setup 関数
　　① createCanvas(400, 400);
　　　幅 400 ピクセル、高さ 400 ピクセルのキャンバスを作成
　　② background(200, 200, 200);
　　　キャンバスの背景色を灰色に設定
３．draw 関数
　　① background(200, 200, 200);
　　　キャンバスの背景色を灰色に設定（キャンバスの中が灰色に塗りつぶされる）
　　② rect(x, 150, 100, 100);
　　　左上の座標を (x 変数, 150) とする幅 100 ピクセル、高さ 100 ピクセルの正方形を描画
　　③ x++;
　　　x 変数の値を 1 増やす
４．draw 関数の繰り返し

剰余の使い方

　上記の例では、正方形がキャンバスの外側に出て見えなくなってしまいます。正方形がキャンバスの外へ出たら、元の位置に戻ってくるようにしましょう。コードの x++; の部分を x=(x+1)%400; としてください。正方形が画面外に出ると最初の位置に戻ってくるようになります。

x=(x+1)%400;は「x変数に1を加えた数を400で割ったあまりの数をx変数に代入する」コードです。400で割っているのはキャンバスの幅が400だからです。

このコードでは、1÷400のあまりは1、2÷400のあまりは2……と、x変数が400になるまでは、通常通りx変数の値が加算されていきます。x変数が400になるとあまりは0となりx変数に0が代入されます。こうして0から400までの加算を繰り返す処理を剰余演算で簡単に記述することができます。

スコープ

今回の例では最初に let x = 0; として変数を宣言していました。

変数には**ローカル変数**と**グローバル変数**の2種類があります。ローカル変数は**ブロック**の中で宣言される変数です。ブロックとは ｛｝（波括弧）で囲まれた範囲のことです。関数も ｛｝ で囲まれているのでブロックと考えることができます。一方、グローバル変数はブロックの外、すなわち関数の外で宣言されている変数です。

変数の使える範囲を**スコープ**と呼びます。ローカル変数はブロックの中でしか使用できません。例えばsetup関数の中で宣言した変数はsetup関数の中でしか使えません。逆に、グローバル変数はすべての関数で使用できます。

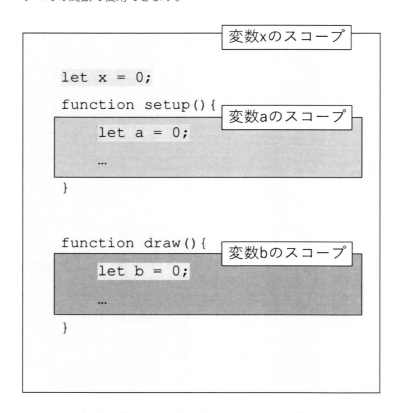

ローカル変数はブロックの中で宣言されるので、ブロックが実行される都度値が初期化されます。

例えば、draw関数の中で宣言したローカル変数はdraw関数が実行されるたびに同じ値で初期化されます。よって、描画の都度、座標を移動させるような用途には使用できません。また、使える範囲がブロックに限定されるので、複数の関数をまたがって使用するような用途にも使えません。

　一方、グローバル変数は、値が保持されるとともに、複数の関数から使用することができます。整理すると以下の表のようになります。

	スコープ（使える範囲）	値の保持
ローカル変数	ブロックの中	都度初期化されるので、以前の値を保持する用途には適さない。
グローバル変数	ファイル全体	最初に初期化されるだけなので、以前の値を保持することができる。

　グローバル変数のほうが使い勝手が良いと感じるかもしれません。しかしながら、グローバル変数は、いろいろな関数が値を変更することができるため、規模の大きなプログラムではバグの温床になってしまうこともあります。用途に応じて適切に使い分けることが大切です。

定義済み変数

定義済み変数とはp5.jsによってどのようなデータが格納されるかあらかじめ定められている変数のことです。サンプルで頻出する基本的な定義済み変数を紹介します。

width・height

　width変数とheight変数にはキャンバスの大きさが格納されます。図形をキャンバスの真ん中に配置したいときなどに、描画関数の座標を指定する引数として、width/2やheight/2という形で使ったりします。

　この変数を使わずに設定したキャンバスの幅や高さの数値を自分で入力することもできますが、使える部分では使ったほうが良いです。前述の剰余の例を見てみましょう。次のようなコードでした。

```
let x = 0;
function setup(){
  createCanvas(400, 400);
  background(200, 200, 200);
}

function draw(){
  background(200, 200, 200);
  rect(x, 150, 100, 100);
  x=(x+1)%400;
}
```

x=(x+1)%400;の400という数値はキャンバスの横幅に由来していました。この書き方だと、キャンバスの大きさを500×500ピクセルにした場合、この処理の400も500に書き換えなくてはいけません。これはやや面倒ですし、コードが複雑になると書き換え忘れたりすることもあります。

　この部分をx=(x+1)%width;という形で記述すれば、createCanvasの引数を変えるだけで済みます。定義済み変数を利用することには、このようなメリットがあります。

windowWidth・windowHeight

　windowWidth変数とwindowHeight変数にはブラウザの画面の大きさが格納されます。主に、キャンバスを画面いっぱいの大きさにしたいときにcreateCanvas関数の引数として使用します。以下はwindowWidth変数、windowHeight変数を使ったサンプルです。

● 3_6_window/sketch.js

```
let y = 0;
let x = 50;
function setup() {
  createCanvas(windowWidth, windowHeight);
  background(0, 0, 40);
  strokeWeight(10);
}
function draw() {
  stroke(x, 100, 200);
  let size = 50;
  ellipse(x, y, size);
  ellipse(windowWidth - x, y, size);
  ellipse(x, windowHeight - y, size);
  ellipse(windowWidth - x, windowHeight - y, size);
  y += 5;
  x += 5;
}
```

　画面いっぱいにキャンバスが表示されます。四隅から色を変えながら円が動いていきます。windowWidth変数、windowHeight変数を座標計算にも利用しています。draw関数内でbackground

関数を使っていないため描画されたものがリセットされず、円が動く軌道が描かれます。それぞれのコードは次のように動く円を描画しています。

- ellipse(x, y, size)：左上から右下
- ellipse(windowWidth - x, y, size)：右上から左下
- ellipse(x, windowHeight - y, size)：左下から右上
- ellipse(windowWidth - x, windowHeight - y, size)：右下から左上

mouseX・mouseY

　mouseX変数とmouseY変数には、マウスカーソルの座標が格納されます。インタラクティブな表現をしたい際によく使用されます。次のコードでは、マウスカーソルがある座標に白い円が描画されていることが確認できます。

● 3_7_mouse/sketch.js
```javascript
function setup() {
  createCanvas(windowWidth, windowHeight);
}

function draw(){
  background(100, 200, 100);
  ellipse(mouseX, mouseY, 40);
}
```

pmouseX・pmouseY

　pmouseX変数とpmouseY変数には、1回前にdraw関数が実行された時のマウスカーソルの座標が格納されます。(mouseX, mouseY) と (pmouseX, pmouseY) をline関数でつなぐことでマウスの移動の軌跡を描画することができます。

　以下はこの変数を活用したサンプルです。

● 3_8_pmouse/sketch.js

```javascript
function setup() {
  createCanvas(windowWidth, windowHeight);
  background(0, 0, 40);
}
function draw() {
  strokeWeight(8);
  stroke(mouseX % 255, mouseY % 255, 255);
  line(pmouseX, pmouseY, mouseX, mouseY);
  line(width - pmouseX, pmouseY, width - mouseX, mouseY);
  line(pmouseX, height - pmouseY, mouseX, height - mouseY);
  line(width-pmouseX, height-pmouseY, width-mouseX, height-mouseY);
}
```

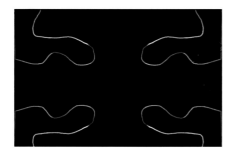

line関数を4回呼び出して4つの線を描画しています。それぞれのline関数でどのような線を描画しているかは以下の図を参照してください。

pmouseX, pmouseY	width-pmouseX, pmouseY
mouseX, mouseY	width-mouseX, mouseY
mouseX, height-mouseY	width-mouseX, height-mouseY
pmouseX, height-pmouseY	width-pmouseX, height-pmouseY

第4章　予約済み関数とイベント

予約済み関数とは、どういった動きをするかp5.jsで定義されている関数です。p5.jsではいくつか特殊な関数が用意されています。まずこれまで扱ってきたsetup関数やdraw関数がどのような働きを持っているのか改めて確認していきます。また、マウス操作やキー操作に関する関数も紹介します。こうした関数を活かせばインタラクティブな作品を作り出すことができます。

setup、draw

setup関数とdraw関数は必須と言ってもよい関数です。2つの関数の働きを正しく理解しておきましょう。

setup関数

setup関数は最初に1度だけ呼び出される関数です。初期設定を行います。主に、キャンバスの作成や、宣言した変数の初期化といったことを行います。

draw関数

draw関数はsetup関数が呼び出された後、繰り返し呼び出される関数です。1秒に60回の速度で呼び出されます。

draw関数によってキャンバスに描画されるものをフレームと言います。draw関数は1回実行する度1フレーム描いています。

フレームレートという言葉があります。1秒が何枚のフレームで構成されているかを表す単位です。fps（frame per second）で表されます。p5.jsのデフォルトのフレームレートは60fpsということになります。フレームレートはframeRate関数で変更することができます。

◇frameRate(fps)：フレームレートを設定する
　fps……1秒に表示されるフレームの数

　フレームレートによる違いを見てみましょう。以下のコードを実行してください。

● 4_1_frameRate/sketch.js
```
let rate = 60;
let x = 0;
function setup(){
  frameRate(rate);
```

```
  createCanvas(400, 400);
  background(200, 200, 200);
}

function draw(){
  background(200, 200, 200);
  rect(x, 150, 100, 100);
  x++;
}
```

　正方形が左から右に移動します。setup関数の冒頭でframeRate関数を使ってフレームレートの設定を行っています。frameRate関数の引数として使っているrate変数の値を変えてみてください。値を低くすると、1秒に描画されるフレーム数が少なくなるので、かくかく動くようになります。また、x座標を動かす処理が実行される頻度も減るので、ゆっくり動くようになります。

frameCount

　フレームに関連する定義済み変数として、frameCount変数があります。この変数には、経過したフレーム数が格納されます。これは言い換えればdraw関数が実行された回数です。次のコードでは、画面にframeCount変数の値を表示させています。値がどんどん増えていくことが確認できます。

　また、ここでframeRate(1);と指定すれば、draw関数が1秒に1回だけ実行されるようになるため、1秒に1ずつ増えていくタイマーとなります。

● 4_2_frameCount_1/sketch.js
```
function setup(){
  createCanvas(400, 400);
  textSize(32);
  textAlign(CENTER);
  background(200, 200, 200);
}

function draw(){
  background(200, 200, 200);
  text(frameCount, 200, 200)
}
```

　frameCount変数を使えば、時間経過に応じた変化を簡単に表現できます。次のコードでは、時間経過に応じて背景色を変化させています。0から255の範囲におさめるために、剰余演算を使っています。

●4_3_frameCount_2/sketch.js

```
function setup() {
  createCanvas(500, 500);
}


function draw() {
  background(frameCount % 255, 200, 200);
}
```

イベント

イベントとは、「マウスがクリックされた」、「キーが押された」といった出来事のことです。イベントに関する関数を使うことで、ユーザーがマウスをクリックしたとき、キーボードを押したときなどに特定の処理をすることができます。

mousePressed

mousePressed関数はマウスがクリックされたときに動く関数です。次のコードを実行してください。

●4_4_mousePressed/sketch.js

```
function setup() {
  createCanvas(300,300);
  noStroke();
  background(100);
}


function mousePressed(){
  ellipse(mouseX, mouseY, 10, 10);
}
```

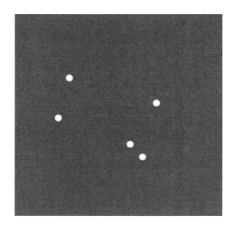

マウスがクリックされるたびに、カーソルがある位置に円が描画されます。

mouseMoved

mouseMoved 関数は、マウスが動いたときに実行される関数です。次のコードでは、マウスを動かすと、その動線上に円が描画されます。

● 4_5_mouseMoved/sketch.js

```
function setup() {
  createCanvas(300,300);
  noStroke();
  background(100);
}

function mouseMoved(){
  ellipse(mouseX, mouseY, 10, 10);
}
```

keyPressed

keyPressed 関数は、キーが押されたときに実行される関数です。直近に入力されたキーの値を格納する key 変数と合わせて使うことがあります。以下のコードでは、キーが押されたときに、key 変数と text 関数で画面に入力された内容を表示させています。

● 4_6_keyPressed/sketch.js

```javascript
function setup() {
  createCanvas(500,500);
  background(0,0,40);
}
function keyPressed() {
  background(0,0,40);
  textAlign(CENTER,CENTER);
  textSize(200);
  fill(255);
  text(key, 250,250);
}
```

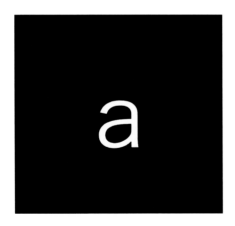

preload

p5.js で、画像や音声といったデータを使いたい場合があります。そうしたデータは、いきなり setup 関数や draw 関数で使わず、事前に読み込みを行います。そうした処理をするのが preload 関数です。

画像を表示してみる

preload 関数は、setup 関数よりも前に実行される関数です。描画処理などを行う前に、画像データや音声データを読み込み、使えるようにします。preload 関数の中で読み込みを行えば、読み込み

が終わるまでsetup関数は実行されません。setup関数などで読み込みを行ってしまうと、読み込みが終わる前に画像を表示する処理をしてしまい、不具合の原因となることがあります。データの読み込みはpreload関数の中で行いましょう。

キャンバスに画像を表示してみましょう。まず、画像を用意します。そして、用意した画像をindex.htmlやsketch.jsが入っているフォルダーにいれてください。例として、次の猫の画像を表示してみます。

この画像をcat.jpgとして保存します。フォルダーの中は次のようになっています。

```
親フォルダー/
    ├ index.html
    ├ sketch.js
    ├ cat.jpg
```

これで下準備はできました。画像を表示してみましょう。次のコードを実行してください。

● 4_7_preload/sketch.js
```
let img;

function preload() {
  img = loadImage('cat.jpg');
}

function setup() {
  createCanvas(windowWidth, windowHeight);
}

function draw() {
  image(img,0,0,450,300);
}
```

画像の読み込みをpreload関数の中で行っています。画像の読み込みはloadImage関数で行います。

◇loadImage(path)：画像を読み込んでp5.jsで使えるデータを作成する。
　path……画像のパス

　loadImage関数は読み込んだ画像のデータをp5.jsで使えるデータに変換します。変換したデータは変数に格納して使います。このコードでは、冒頭でimg変数を宣言し、preload関数の中で画像データを代入しています。
　画像の表示は、image関数を使って行います。

◇image(img, x, y, [w], [h])：左上が(x, y)の幅w、高さhの画像を表示する。
　img……loadImage関数で作成したデータ
　x……左上角のx座標
　y……左上角のy座標
　w……幅（ピクセル、省略時は元の画像と同じ幅）
　h……高さ（ピクセル、省略時は元の画像と同じ高さ）

　450×300ピクセルのサイズで猫の画像が表示されました。

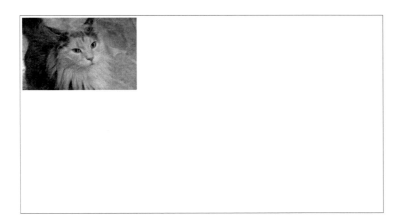

第5章　押さえておきたい知識

ここからさらに複雑な処理を行う方法を学んでいきます。その前に、コードを理解したり、書いたりするときに押さえておきたい知識を紹介します。

色指定　応用編

色を表現する方法として、第2章「描画命令」では赤・緑・青の組み合わせで表現するRGBを紹介しました。他にも色の表現方法があるので紹介します。

HSB

　RGBはRed、Green、Blueで色を表現しています。HSBはHue（色相）、Saturation（彩度）、Brightness（明度）で表現します。

　色相は赤や青、緑といったような色味を表し、彩度は色の鮮やかさを表します。明度は明るさを表し、明度が低いほど黒に近づきます。

　色相は円環上に色が並べられていると想像してください。0°から　360°の中で色がシームレスに変化していきます。

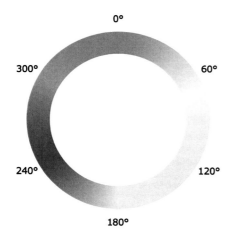

　p5.jsでHSBを使ってみましょう。RGBやHSBのような色を表現する方法をカラーモードと言います。colorMode関数を使うとカラーモードを指定することができます。

◇colorMode(mode)：カラーモードを指定する
　mode……カラーモード（RGB、HSB）

カラーモードにはRGBやHSBが指定できます。HSBの場合、色相は0から360の範囲で指定し、彩度と明度は0から100の範囲で指定します。

カラーモードを変えると、fill関数やbackground関数などの色を指定する関数の引数の意味が変化します。RGBではfill(赤の割合, 緑の割合, 青の割合)でしたが、HSBではfill(色相, 彩度, 明度)となります。

HSBを使ってみましょう。次のコードを実行してください。

●5_1_HSB/sketch.js

```
function setup() {
  createCanvas(windowWidth, windowHeight);
  noStroke();
  colorMode(HSB);
}
function draw() {
  fill(frameCount % 360, 100, 100);
  ellipse(width / 2, height / 2, 200);
}
```

時間経過で円の色が変化します。frameCount変数と剰余演算を用いて、0から360の間を繰り返す値を色相として指定しています。色がシームレスに変化し続けるところがHSBの有用な点です。例えばRGBでfill(frameCount % 255, 200, 200);とした場合、赤の割合が255からいきなり0になり変化の連続性が失われてしまいます。しかしHSBは色相の360と0が繋がっているので、連続性が失われずにすみます。

透明度

RGBやHSBは3つのパラメーターで色を表現していました。4つ目の引数を加えれば、色の透け具合である透明度を指定することができます。指定する範囲がRGBとHSBで異なるので注意してください。値が小さいほど透明に近くなります。

● RGBの場合

```
fill(r, g, b, 透明度);
```

透明度の範囲：0〜255

● HSBの場合

```
fill(h, s, b, 透明度);
```

透明度の範囲：0〜1

　次のコードを実行してください。円を描画した後にbackground関数を実行しています。本来ならキャンバスが塗りつぶされて円は見えなくなりますが、透明度を0.5と指定しているため、透けて円が見えます。

● 5_2_alpha/sketch.js

```
function setup() {
  createCanvas(windowWidth, windowHeight);
  colorMode(HSB, 360, 100, 100);
  fill(60, 100, 100);
  ellipse(width/2, height/2, 100);
  background(200, 100, 100, 0.5);
}
```

その他の色指定

　RGB、HSB以外の色指定の方法を紹介します。

グレースケール（引数1〜2つ）

```
fill(グレースケール, [透明度]);
```

　グレースケールは、白と黒のモノクロで色を表現する方法です。範囲は0〜255で、0が黒、255

が白でその間がグレーのグラデーションとなっています。RGBの「fill(200, 200, 200)」は「fill(200)」と同じ色です。透明度の範囲はRGBと同じで0〜255です。

色の名前で指定

```
fill(色の名前);
```

色の名前を文字列で指定します。「fill("red")」というような形です。red、green、blue、orange、など主要な英語の色の名前はたいてい使うことができます。この場合は透明度の指定はできません。

カラーコードで指定

```
fill(カラーコード);
```

色を表現する方法として、カラーコードがあります。カラーコードとは6桁の16進数でRGBを表現したものです。カラーコードの前には「#」（シャープ）をつけます。例えば、白は#FFFFFFです。「fill("#009E7B");」といった形でカラーコードを文字列で指定することで色を設定できます。

color関数

```
let 変数 = color(RGBやHSBなど);
```

color関数は色に関するデータを作成します。作成したデータは変数に格納して使います。color関数には色指定関数の引数と同じ形で引数を渡すことができます。今回紹介した透明度や、グレースケールも指定することができます。color関数で作成した色データは色指定関数の引数として使うことができます。次のように使います。

```
let red = color(255, 0, 0); //RGBで赤色
fill(red);
```

便利な関数

以降のサンプルで登場する便利な関数を紹介します。

戻り値

新たな関数について紹介する前に、関数の戻り値について説明します。関数が引数などのデータから処理や計算をした結果を返すことがあります。それを戻り値といいます。これまでの例だと、直前に紹介したcolor関数も色データという戻り値を返しています。戻り値は、変数に格納して使ったり、他の関数の引数としてそのまま使ったりすることができます。例えばcolor関数は「fill(color(255,

0, 0))」という使い方でも動きます。この使い方はあまり意味がありませんが、これから紹介する
random関数などは直接別の引数として使う機会が多いです。戻り値という関数の性質を覚えてお
いてください。

map関数

map関数は数値を変換する関数です。ある範囲内における数値を、別の範囲における数値に変換
します。引数は5つです。

◇ map(v, start1, stop1, start2, stop2)：start1〜stop1の範囲にあるvの値をstart2〜stop2の範囲に変換
する
v……変換したい値
start1……元の最小値
stop1……元の最大値
start2……新しい最小値
stop2……新しい最大値

map(1, 0, 6, 0, 12)
【0〜6】の範囲における1は【0〜12】の範囲ではどの位置になるかを求める

例えば、HSBの色相は0から360の範囲で指定すると紹介しました。マウスのx座標に応じて色相
を変化させたいとします。0〜キャンバス幅の範囲におけるマウスのx座標を、0〜360の範囲に置き
換えるときに、map関数が使えます。

以下のコードでは、mouseX変数の値を0〜widthの範囲におけるものから0〜360の範囲における
もの変換しています。またmouseY変数の値を0〜heightにおけるものから0〜100におけるものに
変換しています。それぞれ、色相と彩度の値として背景色に指定しています。

●5_3_map/sketch.js

```javascript
function setup() {
  createCanvas(400, 400);
  colorMode(HSB);
}


function draw() {
```

```
    let hue = map(mouseX, 0, width, 0, 360);
    let saturation = map(mouseY, 0, height, 0, 100);
    background(hue, saturation, 100);
}
```

random関数

　random関数は名前の通りランダムな数値を生成する関数です。生成されるのは小数点ありの数値です。引数によって生成の範囲を指定することができます。引数の数によって範囲の指定方法が変わります。

●引数なし……0以上、1未満

```
random();
```

●引数1つ……0以上、1つ目の引数未満

```
random(範囲の最大値（この値は含まない）);
```

●引数2つ……1つ目の引数以上、2つ目の引数未満

```
random(範囲の最小値，範囲の最大値（この値は含まない）);
```

　最大値を指定する場合は、その値は含まないということに注意してください。
　random関数は特に頻繁に登場する関数です。いくつかサンプルを紹介します。

●5_4_random_1/sketch.js

```
function setup() {
  createCanvas(400, 400);
  background(0, 0, 40);
  stroke(0,255,246);
}

function draw() {
  let y1 = 100;
  let y2 = 300;
  line(random(width), y1, random(width), y2);
}
```

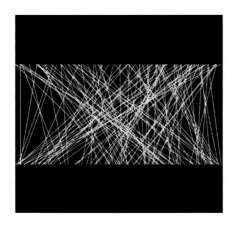

　random(width)という処理で、0〜width（＝画面の幅）の範囲内のランダムな数を生成しています。(乱数, 100)から(乱数, 300)という2つの点を線で結んでいるだけです。

　別の例をみてみましょう。

●5_5_random_2/sketch.js

```javascript
function setup() {
  createCanvas(windowWidth, windowHeight);
  background(255);
}
function draw() {
  strokeWeight(random(10));
  stroke(200, random(200), 20)
  ellipse(mouseX + random(50), mouseY + random(50), mouseY * 0.05);
}
```

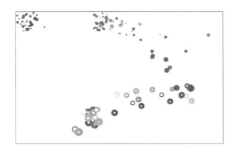

　strokeWeight関数の引数や、stroke関数の引数に直接random関数の戻り値を渡しています。これによって、ランダムな太さ・色の線を作成しています。円はellipse関数で描画していますが、現在のマウスの位置にrandom(50)で値を追加することで、動きを表現しています。マウスの周囲にランダムな円を描画しているだけですが、面白い表現になっています。

floor関数

　random関数で生成されるのは小数点ありの数値でした。整数のランダムな数値が必要なときもあるでしょう。そんなときに使えるのがfloor関数です。floor関数は小数点以下の部分を切り捨てます。

◇floor(n)：nの小数部分を切り捨てる
　n……切り捨てをする数値

　floor関数の引数の部分でrandom関数を使えば、整数のランダムな数値を生成することができます。以下のような感じです。

```javascript
floor(random(4));
```

　random(4)は0以上4未満のランダムな数値を生成します。2.372…などの数値です。生成された

数値の小数点以下の部分をfloor関数が切り捨てるので最終的に返される値は2となります。上記のコードは0、1、2、3のいずれかの数値を返します。

dist関数

dist関数は点と点の間の距離を求める関数です。求めた距離を変数に格納して使います。

◇dist(x1, y1, x2, y2)：(x1, y1) と (x2, y2) 間の距離を求める
　　x1……1点目のx座標
　　y1……1点目のy座標
　　x2……2点目のx座標
　　y2……2点目のy座標

三角関数

p5.jsでは三角関数を使うことができます。数学に苦手意識を持っている人もいるかもしれません。計算はコンピュータが行ってくれるので大丈夫です。三角関数がどういうときに使えるのか、ということさえ押さえておけばコードの中に落とし込めるはずです。

sin関数、cos関数

三角関数を使うと角度から座標を導き出すことができます。この角度の位置に描画したい、というときにsin（サイン）、cos（コサイン）を使って座標を算出します。三角関数で求められるのは半径1の円周上の特定の角度にある点の座標です。sinはy座標、cosはx座標を計算します。p5.jsにはsin関数、cos関数があり、角度を引数にとり、座標を返します。

```
y = sin(角度) //y座標
x = cos(角度) //x座標
```

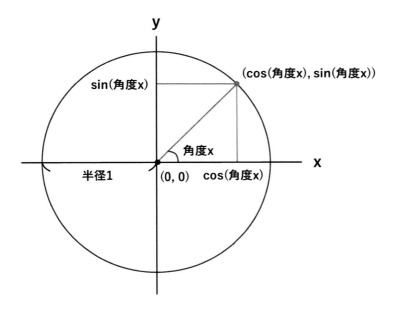

　半径が1の円なので、cos関数もsin関数も-1から1の範囲の値を返します。円の半径を大きくしたい場合は、それぞれの値に大きくしたい分の数値をかけます。

radians関数

　このように三角関数をつかうと角度からxy座標を求めることができます。1回転は360度というのが常識かもしれませんが、p5.jsの世界では1周は2πという単位で表します。これをラジアンと呼びます。例えば、60°という角度は、ラジアンに変換すると　1.04719……という数値になります。

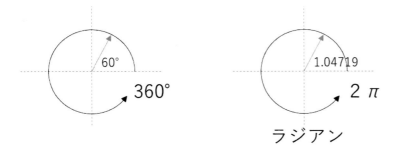

　日常使い慣れた360°の単位を使った方が直感的です。この角度をラジアンに変換するのが　radians関数です。

◇radians(degree)：角度をラジアンに変換する
　degree……角度

以下のように変換した値を変数に格納して使います。

```
rdeg = radians(degree)
```

sin、cos関数の引数はラジアンという単位です。これが直感的でないと感じる場合は以下のようにradians関数を使用するとよいでしょう。

```
y = sin( radians( 360° の単位での角度 ) )
x = cos( radians( 360° の単位での角度 ) )
```

あるいは、angleMode関数を使って角度の指定を度数で行うように設定することもできます。radians関数を都度呼び出すのが面倒だと感じる場合は、angleMode(DEGREE)をsetup関数内で呼び出しましょう。

三角関数を使ってみましょう。次のコードを実行してください。

● 5_6_sincos/sketch.js
```
function setup() {
  createCanvas(windowWidth, windowHeight);
  fill(255,0,0);
  noStroke();
}

function draw() {
  background(255, 30);
  let angle = frameCount / 50;
  let positionY = sin(angle) * 150;
  let positionX = cos(angle) * 150;
  ellipse(positionX + width / 2, positionY + height / 2, 50);
}
```

　円が回転します。frameCount変数を50で割ったものを角度として使っています。50で割っているのはそのままでは変化の速度が速すぎるためです。frameCount変数はdraw関数が実行された回数を格納する変数でした。時間経過とともに角度が増大していき、円周上を回転します。

　円周の半径は150をかけて大きくしています。また、回転の中心の点にキャンバスの幅、高さを半分に割った値を足すことで円周を画面の中心に移動しています。

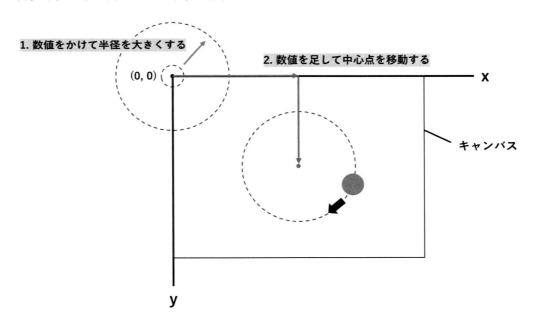

p5dom

p5.jsではキャンバスを生成して描画を行うほかに、ボタンやスライダーといったユーザーが操作できる要素を生成することもできます。

Slider

作成

　スライダーは指定した範囲内で数値を変化させることができます。以下のコードで作成することができます。

```
変数 = createSlider(最小値, 最大値, 初期値);
```

　createSlider関数では最小値、最大値を指定します。最小値はスライダーの目盛りを一番左にしたときの値、最大値は一番右にしたときの値です。また、初期値として、最初の状態で目盛りの位置をどこにしておくかということも指定できます。createSlider関数で作成したデータを変数に格納し、変数から値にアクセスします。

座標

　スライダーをどこに配置するかの指定は以下のように行います。

```
変数.position(x座標, y座標);
```

値

　スライダーの値は以下のように参照します。戻り値ありの関数を呼び出していると考えてください。

```
変数.value()
```

　以下はスライダーが示す値を表示し、その値に応じて円の半径を変化させるサンプルです。

● 5_7_dom_slider/sketch.js

```
let slider
function setup() {
  createCanvas(600, 600);
  slider = createSlider(0, 100, 50);
  slider.position(10, 10);
  textSize(20);
}

function draw() {
  background(200);
  text(slider.value(), 10, 50);
  ellipse(300, 300, slider.value());
}
```

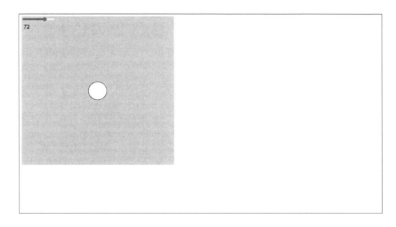

slider.position で座標を指定しなかった場合、スライダーはキャンバスの下部に配置されます。

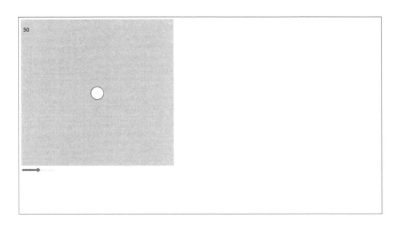

Button

作成

createButton 関数を実行することでボタンが作成されます。

```
変数 = createButton(ボタンに表示する文字);
```

座標

ボタンをどこに配置するかの指定は以下のように行います。

```
変数.position(x座標, y座標);
```

クリック時の処理

クリック時の処理は、以下のように定義した関数を指定します。

```
変数.mousePressed(関数名);
```

以下のサンプルでは、背景色をランダムに設定するchangeBG関数を定義し、ボタンを押下する度に背景色を更新するよう指定しています。関数の定義についての詳細は、本書の第11章「関数」で扱います。

● 5_8_dom_button/sketch.js

```
function setup() {
  createCanvas(450, 450);
  let button = createButton("click me");
  button.position(100, 50);
  button.mousePressed(changeBG);
}

function changeBG() {
  background(random(255));
}
```

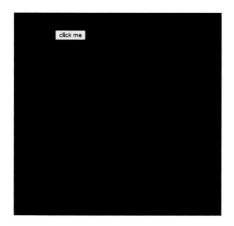

画像とピクセル

画像は点の集合として構成されています。特定の座標がどのような色の点なのか調べることができます。

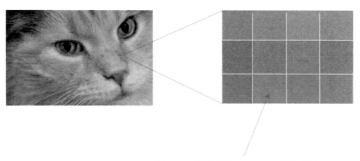

Red=85 Green=63 Blue=33

　画像を構成する点をピクセルと呼びます。このピクセルにR、G、BまたはH、S、Bの色情報色情報が格納されます。以下はマウスの位置にあるピクセルがどのようなR、G、B値を保持しているか表示するサンプルです。

● 5_9_get_pixel/sketch.js

```
let img;
let sColor;

function preload() {
  img = loadImage("cat.JPG");
}

function setup() {
  createCanvas(windowWidth, windowHeight);
  textSize(30)
}

function draw() {
  image(img, 0, 0);
  fill(255);
  rect(0, 0, 400, 30);
  fill(0);
  let s = "R="+red(sColor)+" G="+green(sColor)+" B="+blue(sColor);
  text(s, 0, 30);
}
function mouseMoved() {
  sColor = img.get(mouseX, mouseY);
}
```

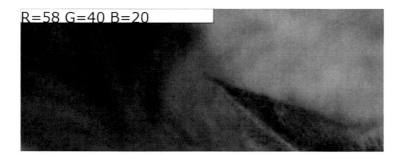
R=58 G=40 B=20

　preload関数でimg変数に画像を代入しています。mouseMoved関数はマウス移動時に呼び出されます。img.get(x座標, y座標)で、指定した位置の色データを調べることができます。マウスの場所のピクセルの値をimg.get(mouseX, mouseY)で取得し、sColor変数に代入しています。このsColorにはピクセルの色情報が格納されます。

　取得した色からR、G、B各色の成分を取り出すには、red、green、blue関数を使用します。draw関数ではその値を画面に描画しています。s変数を初期化するところで加算演算子を使っていますが、文字列に対して加算演算子を使うと、文字列同士を連結させることができます。

```
赤成分 = red(色);
緑成分 = green(色);
青成分 = blue(色);
```

開発者ツール

開発者ツールはブラウザに搭載されている機能です。p5.jsの機能ではありませんが、知っておくとさまざまな場面で活躍します。

表示してみる

　開発者ツールの表示方法はブラウザによって異なります。ChromeとSafariで開発者ツールを表示する方法を紹介します。

Chromeの場合

　右上にある3点のマークから、「その他のツール」→「デベロッパーツール」を選択してください。「F12」キーや「Ctrl＋Shift＋I」キーでも起動します。

　次のような画面が表示されます。これが開発者ツールです。サイト（Google）のソースコードが表示されています。上部に「Elements」、「Console」、「Sources」……とタブが表示されていますが、これを切り替えると、さまざまな情報にアクセスできます。

Safariの場合

　まずはメニューバーに「開発」を追加する必要があります。メニューバーの「Safari」から「環境設定...」をクリックして下さい。

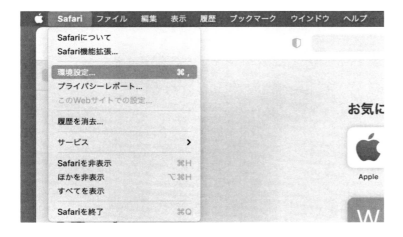

「詳細」タブに移動し、「メニューバーに開発メニューを表示」のオプションを有効にします。

これでメニューバーに「開発」が追加されました。開発者ツールを開くには以下の3つの方法があります。

① Option ＋ Command ＋ I キーを押す
② 「開発」→「Web インスペクターを表示」を選択
③ ブラウザ上で右クリックして「要素の詳細を表示」をクリック

以下のような画面が立ち上がれば、開発者ツールが表示されています。

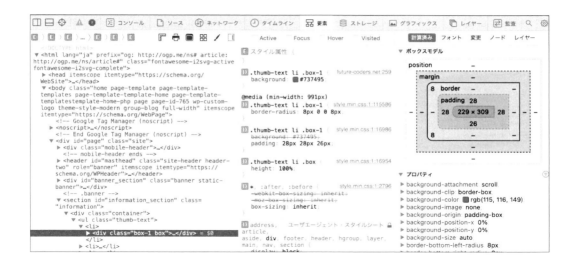

エラーを確認する

　開発者ツールの使い方として、エラーの内容を確認するというものがあります。サンプルコードを書き写したり、演習問題を解いてみたりする中で、思った通りに画面が表示されないということはありませんでしたか。そうした場合、必ずコードのどこかに間違いがあります。開発者ツールにはどこが間違えているのかを教えてくれるエラーメッセージが表示されます。エラーメッセージを読んで正しくコードを修正できるようになりましょう。エラーと向き合うこともまたプログラミングです。

　実際にエラーメッセージを確認し、修正してみましょう。次のコードを実行してください。

●5_10_error/sketch.js

```javascript
function setup(){
  let x = 0;
  createCanvas(400, 400);
}

function draw(){
  background(200, 200, 200);
  ellipse(x, height/2, 50);
  x++;
}
```

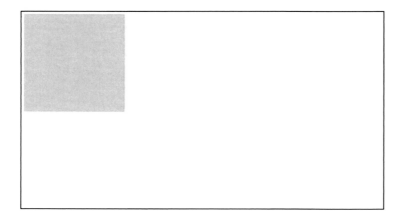

　円を左から右へ移動させたかったのですが、まず円が描画されません。なにか不具合が起きているようです。開発者ツールを開いてエラーメッセージを確認しましょう。どこが間違っているかがわかった方は、答え合わせです。開発者ツールの、「コンソール（console）」タブを確認します。

エラーの内容は次の通りです。

```
Uncaught ReferenceError: x is not defined
    at draw (sketch.js:8:13)
    at e.default.redraw (p5.min.js:2:542441)
    at _draw (p5.min.js:2:462354)
```

　1行目のUncaught ReferenceError: x is not definedは、「x変数が定義されていない」という意味です。x変数はsetup関数とdraw関数で出てきています。どこでエラーが起きているのでしょうか。それは、2行目のat draw (sketch.js:8:13)からわかります。これはどこでエラーが発生しているのかを教えてくれます。sketch.jsの8行目13列目、draw関数内という意味です。3行目以降はp5.jsのdraw関数を定義している部分が表示されています。

　ellipse(x, height/2, 50);のx変数が定義されていないようです。setup関数内でx変数の宣言と初期化は行っています。それにも関わらずx変数が定義されていないことになっている原因は、変数のスコープです。第3章「変数」で言及しましたが、setup関数内で定義された変数は他の関数の中で使うことができません。そのため、draw関数でx変数を参照しようとしても「定義されていない」というエラーが表示されるのです。x変数をグローバル変数にして再び実行すると、正しく表示されるようになります。

　今回はコードの行数も少なく、簡単なミスでしたが、コード量が増えてくると、自力でミスを探し出すのは困難になります。コードをたくさん書いていると、スペルミスなどがどうしても起こってきます。開発者ツールをうまく活用して効率的にエラーを解決していきましょう。エラーの意味が分からない場合は、エラーメッセージをネットで検索すると、同じエラーを解決した先人の知恵を借りることができるかもしれません。

console.log()

　開発者ツールのコンソールに任意の情報を表示させることができます。それが、console.log()です。座標の数値など、キャンバス内には出てこない情報を確認できます。引数は1つから入れることができ、表示させたいデータが複数の場合は引数を複数指定することもできます。

◇console.log(data1, data2, …)：コンソールにメッセージを表示する
　data1, data2…：表示したい変数などのデータ

　既出の三角関数のサンプルでconsole.log()を使い、x座標を確認してみましょう。

●5_11_console/sketch.js
```
function setup() {
  createCanvas(windowWidth, windowHeight);
  fill(150,10,100);
  noStroke();
```

```
}

function draw() {
  background(0, 30);
  let angle = frameCount / 50;
  let positionY = sin(angle) * 150;
  let positionX = cos(angle) * 150;
  console.log(positionX);
  ellipse(positionX + width / 2, positionY + height / 2, 35);
}
```

　コンソールに次々と数値が表示されます。数値を見ると-150〜150の範囲で増減を繰り返していることがわかります。座標などの情報を簡単に確認することができるので、思うように描画されないときに変数の値を確認するなど、さまざまな場面で使えます。

第6章　if文

if文を用いると条件によって異なった処理をさせられるようになります。これによってさらに複雑な仕組みを持った作品を実現することができます。

比較演算子

if文の「条件」の部分を記述するために必要なのが比較演算子です。if文を学ぶ前に、条件の種類や指定方法を学びましょう。

　「こういう条件のときにこうする」を実現するのがif文です。p5.jsでは条件はしばしば2つの値を比較するという形で設定されます。比較に使うのが比較演算子です。比較したい2つの値の間に比較演算子を置いて条件式を記述します。代表的な比較演算子を紹介します。

●aとbが同じ
```
a == b
```

●aとbが同じでない
```
a != b
```

●aがbより大きい
```
a > b
```

●aがb以上
```
a >= b
```

●aがbより小さい
```
a < b
```

●aがb以下
```
a <= b
```

　第3章「変数」で、データの種類として真偽値（boolean）を紹介しました。真偽値は真（true）か偽（false）の2種類しかないデータです。ここまでは使うことがありませんでしたが、比較演算子を用いた条件式は真偽値を返します。条件が一致する場合はtrue、一致しない場合はfalseです。

if文

条件式の書き方を理解したら、さっそく if 文を書いてみましょう。if 文を使えるようになると、できることの幅がくっと広がります。

if文の書き方

if 文は条件を記述する部分と、条件が満たされたときに実行する処理を記述する部分で構成されています。以下のように記述します。

```
if(条件式){
   処理内容
}
```

条件式の部分に先ほどの比較演算子の式を入れます。丸括弧の中が true である場合に波括弧の中の処理が実行されます。

if 文を使った簡単な例を見てみましょう。

●6_1_if/sketch.js
```
let x = 0;
let speed = 2;
function setup() {
  createCanvas(windowWidth, windowHeight);
  background(0);
}

function draw(){
  background(0);
  ellipse(x, height/2, 100);
  x += speed;
  if(x > width){
    speed *= -1
  }
}
```

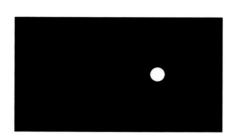

円が左から右に移動します。x変数を円のx座標として使い、speed変数を加算して移動させています。

if文の条件はx > widthです。これはx変数の値がキャンバス幅より大きくなったら、ということです。つまり円の中心がキャンバスの右端に到達したらif文の中身が実行されます。if文の中の処理はspeed *= -1です。speed変数の値に-1をかけて正負を逆転し、右から左に動くようにしています。

他の使用例も見てみましょう。マウスをクリックするとその場所に足跡が描画されるサンプルです。

●6_2_footprints/sketch.js

```javascript
function setup() {
  createCanvas(windowWidth, windowHeight);
  background(0, 40, 0);
  noStroke();
}

function draw() {
  fill(255, mouseX / 4, mouseY / 4);
  if (mouseIsPressed) {
    ellipse(mouseX, mouseY, 60);
    ellipse(mouseX - 18, mouseY - 50, 20, 30);
    ellipse(mouseX + 18, mouseY - 50, 20, 30);
    ellipse(mouseX - 44, mouseY - 25, 20, 30);
    ellipse(mouseX + 44, mouseY - 25, 20, 30);
  }
}
```

mouseIsPressed変数はマウスがクリックされているときにtrue、それ以外のときはfalseになる予約済み変数です。if文でマウスがクリックされているか判定し、クリックされているときにマウスの座標を起点として5つの円を描画して足跡のような形を描画しています。

複数の条件を設定する

　最初の、円が右端に到達したら跳ね返るコードを、左端に到達したときにも跳ね返るようにしましょう。円が左端に到達したら、という条件はx < 0で表せます。つまり

```
if(x < 0){
  speed *= -1
}
```

というコードを追加すればよいのですが、円が右端に到達したときと左端に到達したときの処理はどちらもspeed *= -1で同じです。2つをまとめて記述してしまいましょう。条件をまとめて記述する方法を紹介します。

　今回の場合は、「円が左端に到達したとき、もしくは右端に到達したとき」という条件が設定できればよいです。この「もしくは」は次のように記述します。

条件式1 || 条件式2

　2つの条件式の間に縦棒2本を挟みます。この場合、どちらかの条件が満たされた場合にtrueが返されます。

　今回の場合はx < 0 || x > widthとなります。if文の部分を次のように書き換えることで、左右に動き続ける円を描画することができます。

```
if(x < 0 || x > width){
  speed *= -1
}
```

　2つの条件式を「かつ」で繋げる方法も紹介します。こうすると、2つの条件がどちらも満たされたときにtrueを返す条件式になります。

条件式1 && 条件式2

　かつを使った条件式を使ってみましょう。

● 6_3_and/sketch.js
```
function setup() {
  createCanvas(windowWidth, windowHeight);
  line(width/2, 0, width/2, height);
  line(0, height/2, width, height/2);
  noStroke();
}
```

```
function draw() {
  fill(0);
  if(mouseX > width/2 && mouseY > height/2){
    fill(255, 0, 0);
  }
  ellipse(mouseX, mouseY, 40);
}
```

　カーソルが右下の領域に入ると赤色で描画されるようになります。条件式はmouseX > width/2 && mouseY > height/2です。マウスのx座標が幅の半分より大きく、かつマウスのy座標が高さの半分より大きくなったときにif文が実行されます。条件が満たされたときのみ黒の塗りつぶし命令が赤の塗りつぶし命令に上書きされます。

else

　if文とセットで、条件に当てはまらなかった場合に実行する処理を指定することができます。以下のように記述します。

```
if(条件){
    条件が満たされたときの処理
} else {
    条件が満たされなかったときの処理
}
```

　次のコードでは、マウスカーソルが半分より左にあるときは円が、右にあるときには正方形が描画されます。

●6_4_else/sketch.js
```
function setup() {
  createCanvas(400, 400);
}

function draw() {
```

```
  background(220);
  if (mouseX > width / 2) {
    ellipse(mouseX, mouseY, 50);
  } else {
    rect(mouseX-25, mouseY-25, 50);
  }
}
```

rect関数で指定する座標は四角形の左上の点でした。正方形がマウスカーソルを中心として描画されるように、正方形の座標をマウスカーソルの座標から1辺の長さの半分の値を引いた値にしています。

rect(mouseX, mouseY, 50);

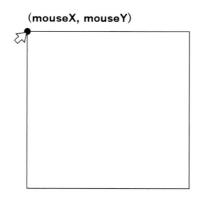

rect(mouseX-25, mouseY-25, 50);

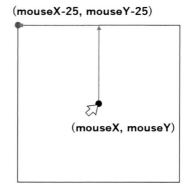

このような計算が面倒な場合、rectMode関数を使うと、指定した座標を中心として四角形を描画することができます。setup関数の中で指定しましょう。

◇rectMode(mode)：rect関数の引数で指定する座標位置を変更する

mode……位置

　位置を中心にしたい場合は引数にCENTERと指定します。デフォルトの左上隅のモードは rectMode(CORNER) です。

else if

　3条件以上の分岐には、else if を使います。

```
if(条件1){
  条件1が満たされたときの処理
} else if(条件2){
  条件1が満たされず、条件2が満たされたときの処理
} else {
  いずれの条件も満たされなかったときの処理
}
```

　else if を使ったサンプルを見てみましょう。次のコードを実行してください。

●6_5_randomwalk/sketch.js
```
let positionX;
let positionY;

function setup() {
  createCanvas(windowWidth, windowHeight);
  colorMode(HSB);
  background(0);
  positionX = width / 2;
  positionY = height / 2;
}

function draw() {
  fill(random(360), random(100), 100);
  rect(positionX, positionY, 15);
  let randomNumber = floor(random(4));
  if (randomNumber == 0) {
    positionX += 15;
  }
  else if (randomNumber == 1) {
    positionX -= 15;
  }
  else if (randomNumber == 2) {
```

```
      positionY += 15;
    }
  else if (randomNumber == 3) {
      positionY -= 15;
    }
}
```

　小さな正方形が色を変えながらランダムな方向に展開していきます。setup 関数とdraw 関数でそれぞれ次のような処理を行っています。

・setup 関数

　　１．キャンバス作成

　　２．背景色を黒で初期化

　　３．カラーモードをHSBに設定

　　４．positionX 変数、positionY 変数をキャンバスの中心の座標に初期化

・draw 関数

　　１．fill 関数でランダムに塗りつぶす色を設定

　　２．positionX 変数、positionY 変数の位置に正方形を描画

　　３．randomNumber 変数に0〜3のランダムな数値を代入

　　４．randomNumber 変数の数値によって上下左右のいずれかに座標を移動する

三項演算子

　三項演算子を使うことで、if else 文を簡潔に記述することができます。条件と、条件が満たされたときに返す値、満たされなかったときに返す値を指定します。変数に代入する形で使うことが多いです。

条件式 ? 条件がtrueの場合の値 : 条件がfalseの場合の値;

　次のコードでは、三項演算子を用いてマウスが半分より右にあればRIGHT、左にあればLEFTという文字列を変数に代入しています。変数に代入した文字列はtext関数で画面の中心に表示させています。

● 6_6_conditionalOperator/sketch.js

```
function setup() {
  createCanvas(windowWidth, windowHeight);
  textSize(32);
  textAlign(CENTER, CENTER);
}

function draw() {
  background(255);
  let t = mouseX > width/2 ? "RIGHT" : "LEFT";
  text(t, width/2, height/2);
}
```

RIGHT

第7章　for文

for文は、同じような処理を繰り返したい場合に用います。簡潔なコードで、より多くの図形を描画できるようになります。

for文の基本

for文は同じような処理を繰り返したい場合に使うことができます。if文とfor文を組み合わせれば、かなり複雑な描画を行えるようになります。たくさん書いて慣れていきましょう。

for文がどのような場面で活かされるのか、サンプルを見ながら確認してみましょう。

次のような模様を描画してみます。半径の異なる円が複数描画されています。

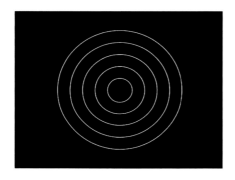

for文を使わずに描画してみましょう。以下の通りになります。

● 7_1_ripple_1/sketch.js

```javascript
function setup() {
  createCanvas(windowWidth, windowHeight);
  noFill();
  strokeWeight(3);
  background(0, 0, 40);

  let size = width / 10;
  stroke(255);
  ellipse(width / 2, height / 2, size);
  ellipse(width / 2, height / 2, size * 2);
  ellipse(width / 2, height / 2, size * 3);
  ellipse(width / 2, height / 2, size * 4);
```

```
  ellipse(width / 2, height / 2, size * 5);
}
```

　キャンバス幅の10分の1の値をsize変数として設定し、大きさを2倍、3倍……した円を描画しています。5つの円を描画している部分は、大きさ以外の部分が全く同じです。こういう場合、for文を使うと便利です。

　for文は以下のように記述します。

```
for(初期化式; 条件式; 加算式){
   処理内容
}
```

　丸カッコの中にある初期化式や条件式、加算式を用いて処理を何回繰り返すかを指定するのですが、これではイメージしづらいので、実際の例で確認してみましょう。先ほどの5つの円を描画する部分をfor文を使って書くと以下のようになります。

```
for (let i = 1; i <=5; i++) {
  ellipse(width / 2, height / 2, size * i);
}
```

　丸括弧の中身を見てみましょう。3つの部分に分かれています。

・初期化式
　最初の let i = 1; の部分では i 変数を1で初期化しています。ここで初期化されている変数は繰り返しの回数を制御するもので、**カウンタ変数**、もしくは**ループ変数**と呼びます。この部分はfor文の最初に1度だけ実行されます。

・条件式
　次の i <= 5; の部分では、繰り返しの条件を指定しています。この例では、カウンタ変数 i が5以下のときに処理を繰り返すよう指定しています。

・加算式
　最後の i++ では、1ループが終わるごとの処理を指定しています。この例では、カウンタ変数 i に1加算するようにしています。

　このコードのfor文ではどのような処理がされているのか、もう少し詳しく確認しましょう。

①　最初に、カウンタ変数 i が1で初期化され、i <= 5 という設定された条件式が真であるため、最

初の処理が実行されます。カウンタ変数iは1なので、ellipse(width/2,height/2,size*1);が実行され最初のループが終了します。

② ループが終了したら、加算式が実行されます。今回の加算式はi++なので、カウンタ変数iに1加算され、値が2になります。

③ 条件式i<=5が真であるため、再び処理が実行されます。カウンタ変数iの値は2で、ellipse(width/2,height/2,size*2);が実行されます。

④ ループが終了したため再び加算式が実行されます。カウンタ変数iの値は3になります。

⑤ ①から④のような処理がi<=5が偽になるまで繰り返されます。

⑥ ループが5回繰り返され、カウンタ変数iが6となると条件式i<=5が偽となり、for文の繰り返しが終了します。

以上がfor文で行われている処理です。if文よりも何が行われているのかがコードからはわかりづらくなっているので、丸括弧の中の3部分がどのような意味を持っているのか意識しながらコードを書いてみましょう。

改めて、for文を使ったコードは以下の通りになります。for文を使っていないときに比べて、コードがだいぶ短くなっていることがわかります。

● 7_2_ripple_2/sketch.js

```javascript
function setup() {
  createCanvas(windowWidth, windowHeight);
  noFill();
  strokeWeight(3);
  background(0, 0, 40);

  for (let i = 1; i <= 5; i++) {
    stroke(255);
    ellipse(width / 2, height / 2, (width / 10) * i);
  }
}
```

二重ループ

for文の中でfor文を実行することができます。少し複雑になりますが、仕組みは変わりません。どのように動いているかひとつひとつ確認していきましょう。

次の柄を描画してみましょう。柄などの同じ図形がたくさん並ぶ描画では、for文は不可欠です。以下のプログラムを実行してください。

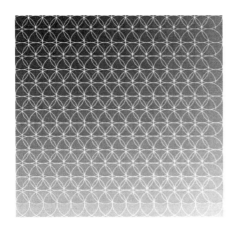

●7_3_pattern/sketch.js

```javascript
function setup() {
  createCanvas(450, 450);
  background(0);
  for (let y = 0; y < 15; y++) {
    for (let x = 0; x < 15; x++) {
      fill(x * 15, y * 15, 255);
      noStroke();
      rect(x * 30, y * 30, 50, 50);
      noFill();
      stroke(255);
      if (y % 2 == 0) {
        ellipse(x * 30, y * 30, 60);
      } else {
        ellipse(x * 30 + 15, y * 30, 60);
      }
    }
  }
}
```

　今回は、for文の中でfor文を実行しています。これは二重ループと呼ばれます。少し複雑なので二重ループ部分の処理を順に追ってみましょう。

　まずカウンタ変数yが0の状態で1つ目のfor文の1回目の処理が始まります。1つ目のfor文の中にはさらにfor文があり、カウンタ変数はxとされています。for文の中でfor文を実行する際、カウンタ変数に同じ変数名を使わないよう気を付けましょう。1つ目のfor文のカウンタ変数が他のfor文で初期化され、for文が終了しなくなってしまいます。

　カウンタ変数をxとした2つ目のfor文は15回繰り返されます。内部で行っているのは背景に色づけする処理と円を描く処理です。それぞれのxy座標はカウンタ変数xとyで指定されています。

以下が背景色を描画する部分です。塗りつぶし色を指定し、枠線を消した四角形を描画しています。

```
fill(x * 15, y * 15, 255);
noStroke();
rect(x * 30, y * 30, 50, 50);
```

円を描画しているのは以下の部分です。背景色を描画する部分で指定したコンテキスト命令を再設定して、塗りつぶしなしで、白い枠線の円を描画しています。また、if文を使い、y座標が偶数のとき（2で割り切れる数のとき）と奇数のときでx座標を少しずらして描画しています。

```
noFill();
stroke(255);
if (y % 2 == 0) {
  ellipse(x * 30, y * 30, 60);
} else {
  ellipse(x * 30 + 15, y * 30, 60);
}
```

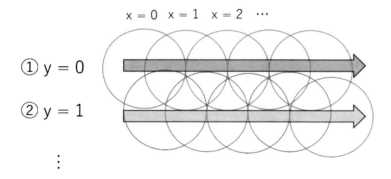

1つ目のfor文が1回ループするたびに2つ目のfor文が15回ループし、描画としては円と背景色を同じy座標上で、x座標を右にずらしながら描画しています。1つ目のfor文が次のループに入ると、y座標が下に設定され、同じようにx座標をずらしながら描画が行われます。最終的にグラデーションのある背景と規則正しく配置された多くの円が描画されます。

while文

for文以外にも繰り返し処理をする方法があります。最後に、while文を紹介します。
　while文の書き方はfor文に比べると簡単です。

```
while(条件式){
  処理内容
}
```

　書き方はif文に似ています。条件式の内容が真である場合、while文は処理を繰り返し続けます。while文を用いた例も見てみましょう。

● 7_4_while/sketch.js

```
function setup() {
  createCanvas(400, 400);
  background(220);
  let count = 0;
  let maxCount = 100;
  while (count < maxCount) {
    let x = random(width);
    let y = random(height);
    let diameter = random(20, 50);
    fill(random(255))
    ellipse(x, y, diameter, diameter);
    count++;
  }
}
```

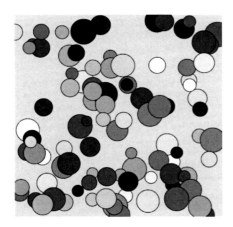

　count変数がmaxCount変数の値に到達するまでwhile文が繰り返されます。今回は100回です。while文が実行されるたびにcount変数の値が1加算されます。while文の中ではx座標、y座標、半径、色をランダムで決定し、円を描画する処理を行っています。

使ってみよう

繰り返し処理を使ったサンプルを見てみましょう。

サンプル1

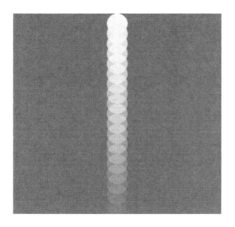

●7_5_circles/sketch.js

```javascript
function setup() {
  createCanvas(400, 400);
  noStroke();
  background(209, 85, 124);
  let numCircles = 20;
  let radius = 20;
  let spacing = 20;

  for (let i = 0; i < numCircles; i++) {
    let x = width / 2;
    let y = i * spacing + radius;
    let alpha = map(i, 0, numCircles, 255, 0);

    fill(227, 248, 219, alpha);
    ellipse(x, y, radius * 2);
  }
}
```

　上から下にかけて透明度が上がっていく、連なる円が描画されます。3つの変数が宣言されています。それぞれ次のような役割を持っています。

・numCircles：円の数

・radius：円の半径

・spacing：円と円の間の長さ

　for文をnumCircleの数値分繰り返しています。for文の中では次のような処理を行っています。

1．xにwidth/2（幅の中心）の値を格納

2．yにカウンタ変数に応じて増加する値を格納

　　今回の場合…i=0では0*20+20で20、i=1では1*20+20で40、i=2では2*20+20で60と、20（spacing
　　の値）ずつ増えていく。

3．カウンタ変数を0〜numCirclesの範囲の値から255〜0の範囲の値に変換し、alphaに格納

　　255はRGBにおける透明度の最大値です。alphaを透明度として使うことで等間隔に薄くなって
　　いく表現ができます。

4．fill関数でalphaを透明度として使って塗りつぶし色を指定

5．(x, y)に幅と高さがradiusの円を描画する

サンプル2

● 7_6_radial/sketch.js

```
function setup() {
  createCanvas(400, 400);
  noStroke();
  fill(245, 99, 0);
  angleMode(DEGREES);
}

function draw() {
```

```
    background(255, 206, 157);

    let numArc = 12;
    let arcScale = 15;
    let radius = 100;

    let centerX = width / 2;
    let centerY = height / 2;

    let rotateSpeed =  0.5;

    for (let i = 0; i < numArc; i++) {
      let angle1 = map(i, 0, numArc, 0, 360) + (frameCount * rotateSpeed);
      let angle2 = angle1 + arcScale ;

      arc(centerX, centerY, radius * 2, radius * 2, angle1, angle2);
    }
}
```

　放射状の模様が回転します。この模様は複数の円弧からなります。円弧の描画に使う角度をラジアンではなく度数法で指定するために、angleMode(DGREES);とsetup関数内で指定しています。draw関数の冒頭でさまざまな変数を宣言しています。1つ1つの役割を確認します。

・numArc：弧の数
・arcScale：弧の中心角
・raidus：弧の半径
・rotateSpeed：回転の速さ
・centerX：弧の中心のx座標
・centerY：弧の中心のy座標

　for文を使って、numArc変数の数値分処理を繰り返しています。弧を描画するためには、開始角度と終了角度が必要です。まずそれを求めています。開始角度と終了角度のイメージについては、第2章「描画命令」の、「その他の関数」という部分を参照してください。
　angle1変数には開始角度を格納しています。カウンタ変数を0〜numArc変数の範囲の値から0〜360の範囲の値に変換しています。360は360°、円　1周分からきている数値です。360°を　numArc変数の数値で等分（今回は12等分）し、i番目にあたる角度は何度かを求めていると考えてください。今回の場合、360°を　12等分した角度は30°なので、カウンタ変数が　1増えるたびにangle1変数は30増えます。そこへframeCount変数にrotateSpeed変数を掛けた値を加算し時間経過に応じて角度を増やしています。frameCount変数の増え方は速すぎるのでrotateSpeed変数をかけてスピード

を調整しています。

angle2変数には終了角度を格納しています。angle2変数にはangle1変数にarcScale変数を加算した値を格納しています。こうすることでarcScale変数の角度だけ開いた弧を描画することができます。今回指定しているのは15なので、15°の中心角を持った弧が描画されます。

最後にarc関数で中心座標、半径、開始角度、終了角度を指定して描画しています。

第8章　座標系変換──図形の移動・回転

これまでのサンプルでは描画命令の引数を使って、指定した場所に図形を描画していました。ここでは座標系を移動させることで図形を移動・回転させる方法をご紹介します。

座標を操作する

これから紹介する関数を使うと、座標全体を移動することができます。座標系変換の関数を組み合わせると、図形を回転させることもできます。

translate 関数

デフォルトではキャンバスの左隅が原点 (0,0) となります。translate 関数は座標系の原点を移動させる関数です。

◇translate(x, y)：描画の基準点（原点）を移動する
　x……x 方向の移動量
　x……y 方向の移動量

　実際に使って試してみましょう。次のコードを実行してください。

● 8_1_translate/sketch.js

```javascript
function setup() {
  createCanvas(600, 600);
  background(200);
  rect(300, 300, 100, 100);
  translate(100, 100);
  rect(300, 300, 100, 100);
}
```

　2つの正方形が違う位置に描画されました。しかし、2つのrect関数は同じ引数をとっています。同じ座標を指定しているのに、違う座標に描画されているのは、translate関数によって、描画の基準となる座標がずらされたためです。

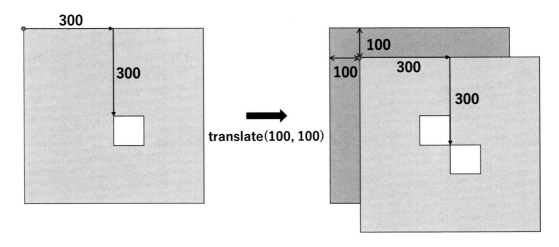

　最初に原点となっていたのはキャンバスの左上でした。translate関数は指定した量だけこの原点を移動させます。translate関数が実行された後の処理は、移動した後の原点を基準に行われます。

原点を移動させるのがポイントです。「図形を移動させる関数」と考えていると意図せぬ挙動を招くことがあるので気を付けましょう。一度translate関数を実行すると、原点は移動したままになります。translate関数の効果は累積します。例えばtranslate(100, 100);の後にtranslate(20, 0);を実行すると原点の位置は(120, 100)となります。

rotate関数

rotate関数は、原点を基準に座標系を回転させます。以下のように記述します。

◇rotate(angle)：原点を中心に指定された角度分座標系を回転する
　angle……回転角

回転させたい角の指定は、他の角度を指定する関数と同じくデフォルトではラジアンで行います。度数を使う場合はradians関数などで変換しましょう。
rotate関数も実際のコードと一緒に見てみましょう。

● 8_2_rotate_1/sketch.js

```javascript
function setup() {
  createCanvas(600, 600);
  strokeWeight(5);
  background(200);
  line(0, 0, 300, 300);
  rotate(radians(30));
  line(0, 0, 300, 300);
}
```

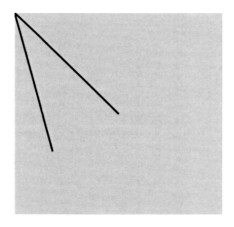

原点から(300, 300)に向かって線を引いています。原点がキャンバスの左上なので、左上を中心に線が30°回転しています。

translate関数とrotate関数を使って、図形を回転させてみましょう。

●8_3_rotate_2/sketch.js

```javascript
function setup() {
  let c = createCanvas(600, 600);
  rectMode(CENTER);
}

function draw(){
  background(200);
  translate(width/2, height/2);
  rotate(radians(frameCount));
  rect(0, 0, 100, 100);
}
```

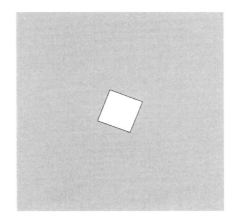

　キャンバスの中心で正方形が回転します。
　setup関数では、rectMode(CENTER)を使ってrect関数で四角形の中心の座標を指定するようにしています。
　draw関数では

・translate関数で原点をキャンバスの中心に設定する
・rotate関数で原点（キャンバスの中心）を基準にframeCount分座標を回転
・原点（キャンバスの中心）に正方形を描画

という処理を行い、画面の中心で四角形を回転させています。四角形自体が回転しているわけではなく、四角形を描いた紙を回転させているイメージです。

push関数、pop関数

translate関数やrotate関数は描画に大きな影響を及ぼします。影響の範囲を制御することで、より自在な図形の移動を実現してみましょう。

座標系変換の管理

translate関数やrotate関数は、実行するとその後の全ての描画に影響を及ぼします。例えば複数の図形を回転させたい場合、都度座標系を元に戻す処理をしないと、その後に描画される図形が全てずれた場所で描画されてしまいます。

座標系の移動や回転といった処理をする関数の影響範囲を限定的にするにはpush関数、pop関数を使用します。2つの関数は次のような働きを持っています。

・push関数は、実行された時点での座標系の状態を保存する。
・pop関数は、push関数が保存した座標系の状態を復元する。

push関数とpop関数はセットで使用します。push関数とpop関数で囲まれた部分での設定の変更はその外側の部分の設定に影響を及ぼさない、というイメージです。

実際にpush関数やpop関数の働きを見てみましょう。先ほどの回転する四角形のサンプルに手を加えてみます。

● 8_4_pushpop_1/sketch.js

```javascript
function setup() {
  createCanvas(600, 600);
  rectMode(CENTER);
}

function draw(){
  background(200);

  push();
  translate(width/2, height/2);
  rotate(radians(frameCount));
  rect(0, 0, 100, 100);
  pop();

  rect(100, 100, 100, 100);
}
```

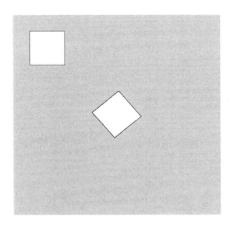

　正方形を回転させるためのtranslate関数、rotate関数がある部分をpush関数とpop関数で囲みました。push関数は初期状態（＝原点がキャンバスの左上で、回転もない状態）を保存します。1つ目の正方形は2つの関数に囲まれた部分で描画されるため、変換した座標系を基準に描画されます。それに対して2つ目の正方形はpop関数によって復元された座標系を基準に描画されるため、初期設定を基準とした位置に表示されています。

コンテキストの管理

　push関数で保存される情報は座標系の情報だけではありません、塗りつぶしや枠線といったコンテキスト情報も保存するので、「この図形だけに適用したい」という設定がある場合に便利です。

先ほどの例のdraw関数を書き換えてみました。push関数とpop関数で囲まれた部分でfill関数やstrokeWeight関数を使っていますが、pop関数の後に描画命令がある2つ目の正方形はその影響を受けず、2行目で指定されているfill(30, 200, 200)がpop関数によって復元され、塗りつぶしが適用されていることがわかります。

● 8_5_pushpop_2/sketch.js

```javascript
function setup() {
  createCanvas(600, 600);
  rectMode(CENTER);
}

function draw(){
  background(200);
  fill(30, 200, 200);

  push();
  fill(150, 0, 0);
  strokeWeight(5);
  translate(width/2, height/2);
  rotate(radians(frameCount));
  rect(0, 0, 100, 100);
  pop();

  rect(100, 100, 100, 100);
}
```

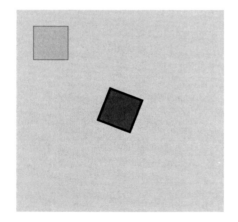

使ってみよう

translate関数、rotate関数、push・pop関数を使った例を見てみましょう。

サンプル1

時間経過に応じて線の数や色が変化し、放射状に配置された線が閉じたり開いたりします。

● 8_6_count/sketch.js

```javascript
function setup() {
  createCanvas(400, 400);
  colorMode(HSB, 360, 100, 100);
}

function draw() {
  background(220);
  translate(200, 200);
  let r = 5 * sin(frameCount / 20.0) + 10;
  stroke(frameCount % 360, 80, 100);
  for (let i = 0; i < 360; i += r) {
    push();
    rotate(radians(i));
    line(0, 0, 0, -100);
    pop();
  }
}
```

この例ではtranslate関数で最初に原点を(200, 200)、つまり、キャンバスの中心に寄せています。
r変数は5と15の間で増減を繰り返します。sin(frameCount / 20.0)は-1と1の範囲で増減を繰り

返します。frameCount変数を20で割っているのは増減のスピードを調節するためです。これに5を掛け、-5から5の範囲で増減するようにし、その値に10を足すことで、5から15の範囲で増減を繰り返すようにしています。

また、stroke関数でframeCount変数に応じて色を変化させています。

for文はカウンタ変数iを0で初期化し、360を超えるまで繰り返します。変化式がこれまでのように1ずつ加算するものではなく、先ほどのr変数を加算代入する形になっているので、カウンタ変数iが360を超えるまでの回数はr変数の値に依存し、繰り返しの回数は都度異なります。

for文の内部ではカウンタ変数iをラジアンに変換しその分回転させています。回転は冒頭で移動させた原点(200, 200)を中心に描かれます。for文の終了条件を「カウンタ変数が360を超えるまで」としたのは、回転を360°以内にするためです。また、push関数とpop関数を用いて、回転が各lineだけに適用されるようにしています。これで線と線の間の角度がr変数の値分となり線の数に応じて適当に開いた配置となります。

サンプル2

マウスを用いた、よりインタラクティブな表現もしてみましょう。マウスの動きに連動して、放射状に線が描かれます。

● 8_7_drawing/sketch.js

```
let w = 400;
let h = 400;

function setup() {
  createCanvas(w, h);
  background(0);
  strokeWeight(0.75);
  stroke(255, 200);
}

function draw() {
  translate(width / 2, height / 2);
  if (mouseIsPressed) {
    for (let i = 0; i < 24; i++) {
      let angle = ((PI * 2) / 24) * i;
      push();
      rotate(angle);
      line(pmouseX / 2, pmouseY / 2, mouseX / 2, mouseY / 2);
      pop();
    }
  }
}
```

```
function keyPressed() {
  background(0);
}
```

　draw関数の冒頭で、widthとheightの半分、キャンバスの中央に原点を移動しています。

　マウスが押されたとき、線を描く処理をしています。for文を用いてカウンタ変数 i を 0 で初期化し、24回処理を繰り返します。angle変数には線を描画する際回転させる角度が格納されます。PI*2とは2πのことで、 360°をラジアンで表現したものになります。つまり 360°を 24で割り、カウンタ変数の値に応じて回転角を15°ずつ増やしているということになります。

　line関数では定義済み変数を用いて、前のフレームでマウスがあった座標と、現在マウスがある座標の間に線を引いています。pmouseXとpmouseYは前フレームでマウスがあった座標を格納する定義済み変数です。それぞれの座標を1/2にすることで線が画面内に収まるようにしています。push関数とpop関数で回転をそれぞれの線だけに適用することも重要なポイントです。

　最後にkeyPressed関数が定義されています。この関数もp5.jsで定義されている関数で、パソコンのキーが押されたときに実行されます。今回は、キーを押すことで描いた線が黒で塗りつぶされリセットされるようにしました。

サンプル3

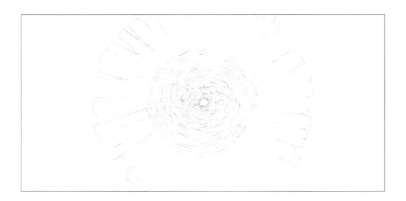

●8_8_while/sketch.js

```
function setup() {
  createCanvas(windowWidth, windowHeight);
  background(255);
  frameRate(4);
  colorMode(HSB);
}
function draw() {
  let x = 2;
  translate(width / 2, height / 2);
  while (x < 300) {
    rotate(x);
    strokeWeight(0.5);
    stroke(random(0, 360), random(0, 100), random(0, 100));
    rect(x + 1, 20, x, 50);
    x = x + 0.2;
  }
}
```

　setup関数内でframeRate(4)という関数を実行しています。これはフレームレートを設定する関数でした。今回は1秒に60回だと更新が速すぎ画面がちかちかとするので更新速度を1秒に4回の速さまで落としました。

　draw関数では冒頭でキャンバスの中心に原点を移動しています。そしてx変数が300を超えるまでwhile文の中身を繰り返します。

　while文では、x変数の値だけ描画を回転させ、描画する四角形もx座標と幅をx変数の値で設定しています。ループごとにx変数は0.2ずつ増加します。x座標がだんだん大きくなるよう設定していることで、描画される四角形と原点の距離がだんだんと離れるようになっています。また、今回は

push 関数と pop 関数を使用していませんが、あえて回転を加算し続けることで生まれるずれが、今回の例の視覚的な面白さを作っています。push 関数と pop 関数で while 文内部の処理を挟むと、規則的な、また違った見た目になります。

第9章　データ構造 基礎編

for文を使い始めると、数多くの描画ができるようになり、その分扱うデータも多くなってきます。多くのデータをまとめて効率的に扱う方法を学びましょう。

配列

配列は多くのデータをまとめて管理することのできるデータの形です。多くの要素を一律に管理したい場合に役立ちます。

配列の基本

配列の作り方

　配列には複数のデータを格納することができます。数値、文字列、真偽値といった基本的なデータをまとめて管理できるほか、配列の中に配列を格納するといったこともできます。

　変数はデータを入れる箱のようなものであると説明しました。配列はその箱をたくさん並べたものだと考えてください。同じようなデータが複数ある場合、変数をいくつも宣言して、それぞれに対して代入や処理を行うコードを記述するとコードが煩雑になります。配列はひとつの変数で複数のデータを管理することができ、コードを簡潔に、わかりやすくすることができます。

　配列は以下のように作成します。

```
let 変数名 = [要素1, 要素2, 要素3, 要素4, …];
```

　角括弧で囲い、カンマで区切ります。変数に代入して使用します。それぞれの要素には、次のようにアクセスします。

```
変数名[要素番号]
```

　要素番号は0から始まります。配列の1つ目の要素を参照したい場合、「変数名[0]」となります。プログラミングの世界では基本的に数字の始まりは1ではなく0となっています。最初は違和感があるかもしれませんが慣れていきましょう。

　具体例で見ていきましょう。次のような配列がある場合を考えます。

```
let fruits = ["apple", "banana", "cherry"];
```

　配列の中には3つの箱があり、それぞれに文字列が格納されています。また箱には0から始まる番

号が付されています。

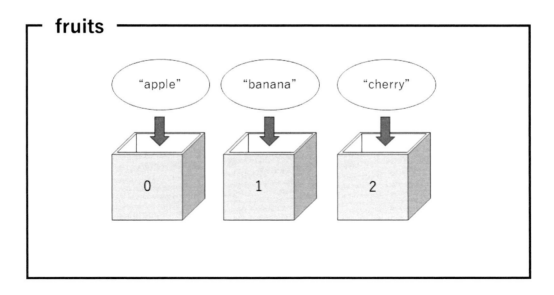

　ひとつひとつの箱の扱いは、変数と同じです。データを代入し、内容を更新することもできます。
例えば、fruits[0] = "pineapple";とすれば、配列の最初の要素は"apple"から"pineapple"に更新され
ます。

要素の追加

　配列に要素の追加する方法はいくつかあります。

　まず、要素番号を指定して代入する方法です。前述のfruits配列に"grape"を追加する場合、

```
fruits[3] = "grape";
```

とすることで、fruits配列の4番目の要素として"grape"を追加することができます。指定する番号は
配列の要素の数に1を足したものでなくても動作します。

```
fruits[7] = "grape";
```

とした場合、fruits配列は

```
["apple", "banana", "cherry", empty, empty, empty, empty, "grape"]
```

となり、指定した番号にデータが格納され、間の番号の部分はデータが入っていない状態で作成さ
れます。このとき、空の4番目から7番目の要素を参照しようとすると値が定義されていないという
意味の"undefined"というデータが返されます。

このデータの追加方法は、誤った要素番号を指定してしまうことでエラーを発生させる可能性があります。

例えば、既に3つ要素を持っている配列に値を追加する場合を考えてみます。要素番号は0から始まるので4番目に要素を追加するには「配列名[3]=値」と書くのが正解です。しかし、4番目という数字にひっぱられ「配列名[4]=値」と記述すると、値は5番目に追加され、4番目の要素は空となります。このやり方をする場合は正しい番号を指定できているかよく確認してください。

配列の最後や最初に要素を追加したい場合は、次のような方法を用いるほうがより確実です。

配列の最後に要素を追加したい場合は、次のように記述します。

```
配列名.push(データ);
```

以下のコードでは、この方法を用いてfruits配列の末尾に"grape"を追加しています。

```
fruits.push("grape");
```

逆に、配列の最初に要素を追加したい場合は、以下のように記述します。

```
配列名.unshift(データ);
```

要素の削除

要素の削除もいくつかの方法で行えます。

配列の先頭の要素を削除したい場合、次のように記述します。

```
配列名.shift();
```

2番目以降の要素は先頭に詰められます。2番目の要素は1番目に、3番目の要素は2番目に……と更新されます。変数 = 配列名.shift()とすれば、削除した配列の先頭の値が変数に格納されます。

また、配列の末尾の要素を削除したい場合は次のように記述します。

```
配列名.pop();
```

spliceを用いると削除したい要素番号を指定することができます。spliceは指定する引数の数に応じて処理が変化します。

1つの引数だけを指定した場合は、指定した番号の要素以降をすべて取り除きます。

```
let fruits = ["apple", "banana", "cherry", "grape", "orange"];
```

という配列で考えると

```
fruits.splice(2);
```

は3番目以降の要素が取り除かれるため、["apple", "banana"] となります。

　2つの引数を指定した場合、1つ目の引数で指定した番号の要素から、2つ目の引数で指定した数分の要素を削除します。

```
fruits.splice(1, 2);
```

は、配列の2番目の要素から2つ分を削除するため、["apple", "grape", "orange"] となります。

```
配列.splice(削除したい要素番号, 1);
```

とすれば、削除したい要素番号から1つ分、つまり指定した要素番号の要素のみが削除されます。

使ってみる

　配列をp5.jsで使ってみましょう。次のコードを実行してください。

●9_1_array_1/sketch.js

```javascript
let positionX = [0, 100, 200, 300, 400];
function setup() {
  createCanvas(450, 450);
  fill(255);
}

function draw() {
  background(0);
  for (let i = 0; i < 5; i++) {
    positionX[i] = (positionX[i]+1)%width;
    ellipse(positionX[i], i*100, 20);
  }
}
```

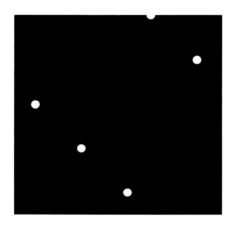

5つの円が左から右に移動します。

最初に5つの数値を格納した配列を作成しています。これをx座標として使用します。

配列の更新と参照はfor文の中で行っています。0から4まで増えるカウンタ変数を要素番号として使用しています。これによって各要素にアクセスできます。for文の中では、各要素に1足した値を幅で割ったあまりの数を再代入しています。剰余を使うことで円が右端に到達したときに左端に戻ってくるようになります。各要素の値をx座標として円を描画することで、x座標の異なる5つの円を動かすことができます。

配列の中に配列を入れることもできます。次のコードを実行してください。

●9_2_array_2/sketch.js

```javascript
let circles = [[100, 100, 30, "red"],[300, 300, 100, "blue"]];
function setup() {
  createCanvas(450, 450);
  fill(255);
  background(0);
  for(let i = 0; i < 2; i++){
    let circle = circles[i];
    fill(circle[3]);
    ellipse(circle[0], circle[1], circle[2])
  }
}
```

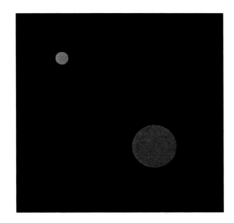

2つの円が描画されます。

　冒頭で初期化しているcircles配列には、2つの配列データが格納されています。以下のようなイメージです。

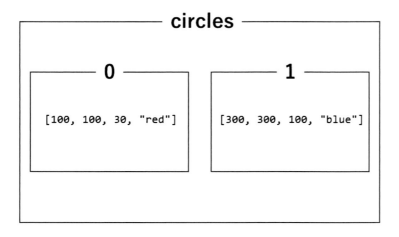

それぞれの配列は4つの要素を持っています。これは円の描画に使用するデータです。今回は次のようにデータを使うことを想定しています。

[円のx座標，円のy座標，円の大きさ，円の色]

描画はfor文を用いて行っています。circles配列の要素が2つなので2回繰り返すよう指定しています。最初のlet circle = circles[i];で配列から要素を取り出しています。これはコードを読みやすくするためです。入れ子になった配列には、circles[i][0]といった形でアクセスします。今回の場合この書き方だと円を描画する部分がellipse(circles[i][0], circles[i][1], circles[i][2])となり少し読みづらくなります。そのため、一度circles[i]を変数に代入しています。変数にはcircles配列のi番目の配列が格納されます。

circle配列内の配列は、それぞれの要素が何のためのデータなのかがぱっと見ではわかりません。こうしたデータを表現するのに適している、オブジェクトというデータの形を紹介します。

オブジェクト

オブジェクトも配列のように複数のデータを扱うことができます。配列は要素に番号でアクセスしましたが、オブジェクトは要素に名前を付けて管理します。配列とオブジェクトをうまく使って、わかりやすく効率的に扱えるデータを作ってみましょう。

オブジェクトの基本
オブジェクトの作り方

配列は要素を番号で管理していました。オブジェクトは要素に任意の名前を付けて管理することができます。以下のように記述します。

```
let 変数名 = {キー1:値1, キー2:値2, キー3:値3, …};
```

値にアクセスするための名前を**キー**と呼びます。1つ1つの要素を「キー:値」と記述します。このような、キーと値の組み合わせのデータを**プロパティ**と呼びます。オブジェクトは、複数のプロパティを管理できるデータです。プロパティはカンマで区切ります。

プロパティには2通りの方法でアクセスできます。

```
変数名.キー名
変数名["キー名"]
```

例を見てみましょう。以下のようなオブジェクトで考えてみます。

```
let taro = {name:"山田太郎", age:16, height:168, hasComputer:true};
```

このオブジェクトのキーと値は以下のように対応しています。

キー	値
name	"山田太郎"
age	16
height	168
hasComputer	true

nameプロパティにアクセスするには、以下のように記述します。

```
taro.name
taro["name"]
```

例えばlet name = taro.nameとすればname変数には山田太郎という文字列が代入されます。taro.age += 1;とすればageプロパティが17になります。

プロパティの追加

作成されたオブジェクトにプロパティを追加したい場合は、キーを指定して代入します。太郎君のデータに兄弟がいるかどうかを示す、hasBrotherプロパティを追加してみましょう。次のように記述します。

```
taro.hasBrother = false;
taro["hasBrother"] = false;
```

プロパティの削除

プロパティの削除は、delete演算子を使って行います。

```
delete オブジェクト.プロパティ;
delete オブジェクト["プロパティ"];
```

先ほどのtaroオブジェクトから身長（height）プロパティを削除したい場合は、次のように記述します。

```
delete taro.height;
delete taro["height"];
```

配列・オブジェクトの中のオブジェクト

配列やオブジェクトの中にオブジェクトを格納することができます。配列の中に配列を格納したときのようにアクセスの方法が少し複雑なので確認しておきましょう。次のような変数を例として考えます。

```
let positions = [{x:10, y:10}, {x:20, y:10}, {x:30, y:10}];
let circle = {position:{x:20, y:10}, size:10};
```

positions配列には要素としてオブジェクトが格納されています。例えば、2番目の要素のxにアクセスしたい場合、positions[1].xまたはpositions[1]["x"]と記述します。

circleオブジェクトのpositionプロパティにもオブジェクトが格納されています。このxにアクセスしたい場合はcircle.position.xやcircle["position"]["x"]などと記述します。

p5.jsのコードでは配列の中にオブジェクトが格納されているデータがよく出てきます。ほとんどの場合for文を使って処理します。これからいくつかのサンプルを紹介していくので、慣れていきましょう。

使ってみる

オブジェクトをp5.jsで使ってみましょう。先ほど配列で使った例をオブジェクトを使って書き直してみます。

配列の例では、circles配列の中に[円のx座標, 円のy座標, 円の大きさ, 円の色]という形式の配列データを格納していました。これをオブジェクトにします。それぞれに適切なキー名をつけます。今回は次のようにしてみます。

```
{x:円のx座標, y:円のy座標, size:円の大きさ, color:円の色}
```

キー	値
x	円のx座標
y	円のy座標
size	円の大きさ
color	円の色

コードは次のようになります。circles配列の中に2つのオブジェクトを格納しています。

●9_3_object/sketch.js

```
let circles = [
  {x:100, y:100, size:30, color:"red"},
  {x:300, y:300, size:100, color:"blue"}
];
function setup() {
  createCanvas(450, 450);
  fill(255);
  background(0);
  for(let i = 0; i < 2; i++){
    let circle = circles[i];
    fill(circle.color);
    ellipse(circle.x, circle.y, circle.size)
  }
}
```

キー名によってそれぞれのデータが何のためのデータなのかがわかるようになり、描画命令の部分などが読みやすくなりました。例としてx座標を加算するコードを想定してみます。circle[0] += 1;よりもcircle.x += 1;のほうがどのような処理を行っているかがわかりやすいはずです。

コードが読みやすいということはとても重要です。コードを他の人に見せる可能性があるときはもちろん、自分しか見ることのないコードだとしても、未来の自分のためにもわかりやすいコードを書くことを心がけましょう。コードがわかりやすいと将来的にコードを編集したくなったときに手直ししやすいです。

使ってみよう

配列とオブジェクトを使ったサンプルを見ていきましょう。

サンプル1

星が流れているようなアニメーションが描画されるサンプルです。

```
let stars = [];
let colorList = [
  "#fff100",
  "#fff9b1",
  "#fff67f"
];

function setup() {
  frameRate(30)
  createCanvas(600, 600);
  noStroke();
  for (let i = 0; i < 50; i++) {
    let starData = {
      x:random(width),
      y:random(height),
      size:random(1, 4),
      speed:random(1, 7),
      color:floor(random(3))
    };

    stars.push(starData)
  }
}

function draw() {
  background(0, 0, 50, 70);
  for (let i = 0; i< 50; i++) {
    let star = stars[i];
    fill(colorList[star.color]);
    ellipse(star.x, star.y, star.size);
    star.x += star.speed;
    if (star.x > width) {
      star.x = 0;
    }
  }
}
```

　stars 配列には星の座標などのデータを保存しているオブジェクトが格納されます。colorList 配列には星の色のカラーコードが格納されています。
setup 関数では以下のような処理を行っています。

・フレームレートの設定
・canvas の作成
・枠線を消す設定
・stars 配列にデータを追加

　for 文を使って stars 配列に 50 回オブジェクトを追加しています。オブジェクトは次のような構造になっています。

プロパティ名	データの内容
x	x 座標
y	y 座標
size	大きさ
speed	移動速度
color	色

　color プロパティには、0〜2 のランダムな整数を格納しています。random(3) は 0 以上 3 未満の小数を返します。その小数部分を floor 関数で切り捨てることで、0 から 2 のランダムな整数を求めています。0〜2 の範囲にしているのは colorList 配列に 3 つの要素が格納されているためです。描画の際に colorList[color プロパティ] という形でカラーコードにアクセスします。

　draw 関数では星の描画と移動の処理を行っています。
　for 文を 50 回繰り返し、カウンタ変数を使って start 配列の要素を取り出しています。fill 関数による色の設定を行った後、ellipse 関数で描画を行っています。x 座標が画面外になった場合、0 にリ

セットして画面内に戻しています。

サンプル2

　色とりどりの円が半径の大きさを変えながら移動します。

● 9_5_randomwalk/sketch.js

```
let pos = [];

function setup() {
  createCanvas(400, 400);
  noFill();
  strokeWeight(1);
  for (let i = 0; i < 100; i++) {
    pos[i] = {
      x: random(width),
      y: random(height),
      radius: random(),
      speed: random(),
      angle: random(TWO_PI),
      color: color(random(255), random(255), random(255)) // ポイントごとに異なる色
    };
  }
}


function draw() {
  background(0, 0, 40);
  for (let i = 0; i < 100; i++) {
    stroke(pos[i].color);
    let currentRadius = pos[i].radius + sin(frameCount * pos[i].speed) * 20;
    ellipse(pos[i].x, pos[i].y, currentRadius);
    let stepSize = random(0.5, 2);
    pos[i].x += cos(pos[i].angle) * stepSize;
    pos[i].y += sin(pos[i].angle) * stepSize;
    pos[i].angle += random(-0.1, 0.1);
    pos[i].x = (pos[i].x + width) % width;
    pos[i].y = (pos[i].y + height) % height;
  }
}
```

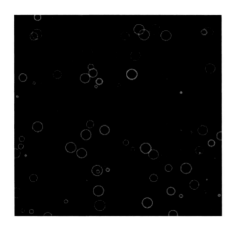

どのような処理を行っているのか、コードを1つずつ見ていきましょう。

○setup関数
・キャンバスを作成
・塗りつぶしをなしに設定
・枠線の太さを1に設定
・for文でpos配列に100回オブジェクトを追加（オブジェクトの構造は次の通り）

プロパティ名	データ
x	x座標
y	y座標
radius	円の半径
speed	円の大きさが変わるスピード
angle	円が移動する方向（角度）
color	円の色

　angleプロパティの初期化に使用しているTWO_PIはラジアンで表した360°です。　0°から　360°の間でランダムに値を決定していると考えてください。

○draw関数
・背景塗りつぶし
・半径を変化させる
　sin(frameCount*pos[i].speed)では時間経過によって-1から1の間を往復する値をもとめています。変化するスピードはspeedプロパティの大きさによって変化します。求めた値に20をかけることで-20から20の範囲にしています。ellipse関数は円の幅や高さが負の値で指定されたときは絶対値を使用するため0から20+radiusプロパティの範囲で半径は変化します。
・円を描画する

・移動量を決定しstepSizeに格納する

・angleプロパティの角度方向にstepSize分移動させる

　三角関数を使い、x座標とy座標に移動量を加算しています。

・angleプロパティを少しだけ変化させる

　-0.1から0.1の間のランダムな値を求め加算しています。0.1は度数に直すと約5.7°です。

・座標がキャンバスの外側に出ている場合は剰余演算を使って中に戻す

第10章　データ構造 応用編

配列とオブジェクトの基礎を理解したら、応用に挑戦してみましょう。配列やオブジェクトは頻繁に使用する機会があります。サンプルを読んだり、コードを書き写したりしてみながら、確実に身に付けていきましょう。

for文との組み合わせ

配列はfor文と組み合わせて処理することが多いです。そうした処理を記述する際に便利なものを紹介していきます。

length

　lengthを使うと、配列の長さ（要素の数）を知ることができます。for文で、要素の数だけ繰り返しをしたいときに使えます。配列の要素数が変動して不確定な場合などに便利です。次のように記述します。

```
配列.length
```

　実際の例を見てみましょう。

● 10_1_bubble/sketch.js
```javascript
let circles = []
function setup() {
  createCanvas(windowWidth, windowHeight);
  noFill();
  strokeWeight(5);
  stroke(179, 211, 219);
}

function draw() {
  background(41, 153, 196);
  for(let i = 0; i < circles.length; i++){
    let circle = circles[i];
    circle.y -= circle.ySpeed;
    ellipse(circle.x, circle.y, circle.size);
    if(circle.y < 0){
```

```
      circle.y = height;
    }
  }
}

function mousePressed(){
  let circle = {};
  circle.x = mouseX;
  circle.y = mouseY;
  circle.ySpeed = random(1, 10);
  circle.size = random(10, 100);
  circles.push(circle);
}
```

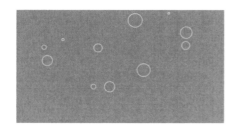

　画面をクリックしたら、そこから円があらわれ、画面上部へ動いていきます。画面上部に円が到達すると画面下へ座標が再設定されます。

　mousePressed関数を使って、マウスがクリックされたことを検知しています。mousePressed関数ではオブジェクトを作成し、circles配列に追加しています。オブジェクトは次のようなデータを持っています。オブジェクトの作成は、まず空のオブジェクトを作成し、プロパティを追加していく、という方法で行っています。

キー	値
x	x座標
y	y座標
ySpeed	円が上昇する速度
size	大きさ

　mousePressedが実行されるたびにcircles配列の要素数は増えていきます。for文の条件式をi < circles.lengthとすることで、配列の要素数が変動してもその数だけ繰り返し処理が行われるようにすることができます。

for…of

　これまでの例ではカウンタ変数を用いて繰り返し処理の中で配列の要素にアクセスしていましたが、for文と配列を直接組み合わせることもできます。

```
for(let 変数 of 配列){
  処理内容
}
```

　このように記述すると、配列に含まれる要素が順番に取り出されて、変数に格納されます。
　以下のコードでは、配列に格納された{x:x座標, y:y座標}という形のオブジェクトをfor…ofを用いて更新することで、3つの正方形を左から右に移動させています。

●10_2_forOf/sketch.js
```
let rects = [{x:10, y:10}, {x:300, y:120}, {x:500, y:230}]

function setup() {
  createCanvas(600, 600);
}

function draw() {
  background(200)
  for(let r of rects){
    r.x = (r.x+1)%width;
    rect(r.x, r.y, 100, 100)
  }
}
```

　for…ofではrects配列の要素をひとつずつr変数に代入し処理を行っています。図のようなイメー

ジです。これが配列のそれぞれの要素に対して行われます。

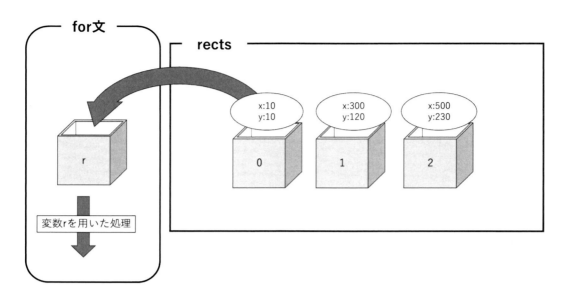

値のコピー、参照のコピー

　for...of文では配列の要素を変数に代入します。このように、変数や配列の要素を別の変数に代入する場合、JavaScriptの挙動として注意すべき点があります。

　以下のコードをみてください。

```
let a = 10;
let b = a;
b = 20;
console.log(a);
```

　このとき、console.logは10と出力します。b変数にa変数を代入していますが、b変数の値が更新されてもa変数には影響がありません。これは、数値だけでなく、文字列や真偽値についても同様です。また、b変数にa変数を代入した後にa変数を更新しても、b変数に変化はありません。

　では、次の例を見てください。

```
let a = [10, 20];
let b = a;
b[0] = 30;
console.log(a);
```

　このとき、console.log(a)は［30, 20］と出力します。b変数の値を更新しているのに、a変数の値が変化しているのです。代入する変数の型が配列やオブジェクトである場合はこのような挙動にな

るので注意が必要です。

　数値や文字列、真偽値といった値を代入すると、値をコピーしたものが渡されます。一方、配列やオブジェクトといった型を代入すると、データの参照先（場所）がコピーされます。データそのものをコピーするのではありません。「どこを参照すればいいのか」という情報を渡すとイメージしてください。

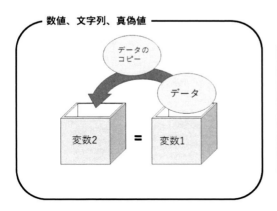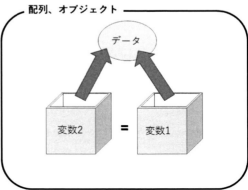

　変数をA君、B君として例えると、A君がB君にプリントを見せるとき、前者の場合A君は持っているプリントをコピーしてB君に渡すため、B君が渡されたプリントに何を書き込んでもA君のプリントには影響がありません。しかし後者の場合、A君はB君と一緒に1枚のプリントを見ており、B君がプリントに書き込みをすれば当然A君もB君が書き込みをしたプリントを見ることになります。

　for...ofを使用する際は、この挙動が要素を更新したつもりがされていない、といった形で問題になります。例えば

```
let positionX = [0, 200, 400]

function setup() {
  createCanvas(600, 600);
}

function draw() {
  background(200);
  for(let x of positionX){
    x += 1
    rect(x, 300, 100, 100);
  }
}
```

　この例では、for…ofの中でpositionXの要素をx変数に代入して、値を更新してからrect関数のx座標としていますが、四角形は動きません。x変数にはpositionX配列のそれぞれの要素の値をコ

ピーしたものが渡されるだけなので、x変数を更新してもpositionXの要素は変化しません。そのため、x変数には毎回[0, 200, 400]の値がそれぞれ代入されており、図形は動かないのです。

サンプル

for…of文などを使ったサンプルを見てみましょう。

サンプル1

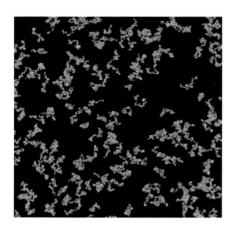

● 10_3_pos/sketch.js

```
let colors = ["#393E46", "#00ADB5", "#EEEEEE"];
let pos = [];

function setup() {
  createCanvas(400, 400);
  for (let i = 0; i < 200; i++) {
    pos[i] = { x: random(width), y: random(height) };
  }
  background("#222831");
}

function draw() {
  for (let p of pos) {
    let randomColor = color(random(colors));
    stroke(randomColor);
    point(p.x, p.y);
    let dx = random(-1, 1);
    let dy = random(-1, 1);
```

```
      p.x += dx;
      p.y += dy;
   }
}
```

　ランダムに模様が描画されます。この模様はたくさんの色のついた点を描画することで描いています。

　colors配列には描画に使用するカラーコードが格納されています。pos配列には点を描画するための座標を示すオブジェクトが格納されます。

　setup関数でpos配列に{x:x座標, y:y座標}という形のオブジェクトを200回追加しています。それぞれの初期値は幅と高さの範囲内でランダムに決定しています。

　draw関数ではfor文でpos配列の要素を取り出して処理を行っています。

　for文の中ではまず、点の色をランダムに決定しています。random関数の引数としてcolors配列を使っています。ランダムな数値を生成するrandom関数ですが、引数に配列を使うと要素の1つをランダムに選択して返します。ランダムに選択されたカラーコードの文字列をcolor関数の引数として使用し、randomColor変数に色のデータを格納しています。

　point関数で点を描画したあとは、点をランダムな方向に移動させています。

　dxとdyはx方向とy方向の移動量を格納する変数です。random関数を用いて、-1以上1未満のランダムな値を求め、それをpos配列の要素に加算することでランダムな方向に点を移動させています。

サンプル2

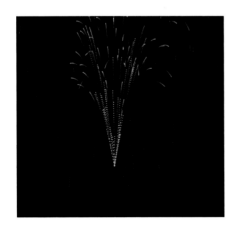

●10_4_push/sketch.js
```
let dots = [];

function setup() {
```

```
  createCanvas(400, 400);
  noStroke();
}

function draw() {
  background(0, 0, 0, 20);

  dots.push({
    x: mouseX,
    y: mouseY,
    sx: random(-1, 1),
    sy: random(-6, -4),
    lifetime: 0,
  });

  for (let dot of dots) {
    dot.x += dot.sx;
    dot.y += dot.sy;
    dot.sy += 0.05;
    dot.lifetime++;
    let alpha = map(dot.lifetime, 0, 255, 255, 0);
    fill(100, 200, 255, alpha);
    ellipse(dot.x, dot.y, 2, 2);
  }

  dots = dots.filter(dot => dot.lifetime < 255)
}
```

マウスがある位置から水色の粒が噴き出し落ちていきます。

dots 配列で粒を管理しています。

draw 関数が実行されるたびに dots 配列にオブジェクトを追加しています。オブジェクトは次のような構造になっています。

プロパティ名	データの内容
x	x 座標
y	y 座標
sx	x 方向の移動量
sy	y 方向の移動量
lifetime	粒が描画されているフレーム数

for…of文を使ってdots配列の要素にアクセスしています。各要素には以下のような処理をしています。

1．プロパティxにプロパティsxの値を加算する
2．プロパティyにプロパティsyの値を加算する
3．プロパティsyに0.05を加算する
　　これによって粒が時間経過で落下するようになり、重力がかかっているような表現ができます。
4．プロパティlifetimeに1を加算する
5．プロパティlifetimeを0~255の範囲の値から255〜0の範囲の値に逆転させてalpha変数に格納する
6．alpha変数を透明度として塗りつぶし色を指定する
7．円を描画する

　dots = dots.filter(dot => dot.lifetime < 255) の部分は新しい要素なので解説します。これは配列の要素を条件式でフィルタリングする処理です。条件を満たした要素だけを格納した配列を返します。「=>」は比較演算子のようですが、矢印を表しています。アロー関数と言います。

配列.filter(配列の要素が格納される変数 => 条件式)

　この例ではdot変数は1つずつの要素が格納される変数です。for(dot of dots){…のdot変数のようなイメージです。dot.lifetime < 255を満たす要素だけが格納された配列を作成し、dots配列に再代入しています。言い換えるならばプロパティlifetimeが255を超えた要素を削除する処理です。

第11章　関数

setup 関数や描画関数など、p5.js で定義されているさまざまな関数の使い方を紹介してきました。ここでは、関数を自分で定義する方法を学びます。

関数を定義する

自分で関数を定義すると、任意の処理を簡単に呼び出せるようになります。

基本的な書き方

関数とは「処理のまとまり」です。一連の処理をまとめて、名前をつけてあげることで、

・同じような処理がある場合により簡単に処理を記述できるようになる
・名前を付けることでどのような処理を行っているかがわかりやすくなる
・コードの行数が減り読みやすくなる

などのメリットが生まれます。

処理を関数としてまとめるかどうかの判断基準はいろいろとありますが、まずは、同じような処理をコード内に複数記述しているかどうかで判断してみましょう。コードを書いているときに、「同じことを書いているな」と思ったときは、関数の使いどころです。あるいは、複雑な処理を記述していて、コードを整理したいというときにも、関数を使うとよいかもしれません。

それでは関数の定義の仕方を確認していきましょう。関数の定義の基本形は次のようになります。

```
function 関数名(){
  処理
}
```

setup 関数や draw 関数を定義する際もこの書き方なので、なじみがあると思います。定義を行う場所は setup 関数などと同じです。自分で関数を定義し、使ってみましょう。次のコードを実行してください。

● 11_1_definition/sketch.js
```
let x, y;
let speedX, speedY;
let radius = 25;
```

```
let circleColor;

function setup() {
  createCanvas(400, 400);
  x = width / 2;
  y = height / 2;
  speedX = random(1, 3);
  speedY = random(1, 3);
  circleColor = color(0, 150, 200);
  noStroke();
}

function draw() {
  background(220);
  moveCircle();
  displayCircle();
}

function moveCircle() {
  x += speedX;
  y += speedY;

  if (x + radius > width || x - radius < 0) {
    speedX *= -1;
    changeColor();
  }
  if (y + radius > height || y - radius < 0) {
    speedY *= -1;
    changeColor();
  }
}

function displayCircle() {
  fill(circleColor);
  ellipse(x, y, radius * 2, radius * 2);
}

function changeColor() {
  circleColor = color(random(255), random(255), random(255));
}
```

　円がキャンバスの外枠に触れると色を変えて跳ね返ります。

　このコードでは3つの関数を定義しています。moveCircle関数は円の移動と壁に接したときの処理をまとめています。if文のx + radius > width || x - radius　< 0は

・円の右端（円の中心のx座標+円の半径）が右端（width）に接したとき
・円の左端（円の中心のx座標 - 円の半径）が左端（0）に接したとき

という意味です。円のx座標の移動量であるspeedXの正負を逆転させることで、反射を行っています。キャンバスの上下に円が接したときも、同じようにy座標の移動量の正負を逆転させています。

　また、反射との処理と一緒に円を塗りつぶす色を変化させる処理も行っています。色を変化させる関数は、changeColor関数として定義したものを呼び出しています。

　displayCircle関数では円の描画に関する処理をまとめています。

引数

　setup関数には引数は必要ありませんが、例えばcreateCanvas関数のように引数を渡して使う関数もたくさんあります。引数を使う関数は、次のように定義します。

```
function 関数名(引数名1，引数名2，…){
    引数を使った処理
}
```

　引数を設定すると、関数を呼び出す際に引数を渡すことができるようになります。渡された値を処理の中で使います。複数の引数を設定した場合は、カンマで区切って指定します。

　引数を使って関数を定義しているサンプルを見てみましょう。

```
let circles = [];
let circleColors = ['#F38181', '#FCE38A', '#EAFFD0', '#95E1D3'];
function setup() {
  createCanvas(800, 600);
  for (let i = 0; i < 70; i++) {
    let circle = {
      x: random(width),
      y: random(height),
      radius: random(30),
      fillColor: color(random(circleColors)),
      speedX: random(-2, 2),
      speedY: random(-2, 2)
    };
    circles.push(circle);
  }
}


function draw() {
  background(250);

  for (let i = 0; i < circles.length; i++) {
    let circle = circles[i];

    circle.x += circle.speedX;
    circle.y += circle.speedY;

    bounceOffEdges(circle);

    fill(circle.fillColor);
    ellipse(circle.x, circle.y, circle.radius, circle.radius);
  }

  drawConnectingLines();
}


function bounceOffEdges(circle) {
  if (circle.x - circle.radius < 0 || circle.x + circle.radius > width) {
    circle.speedX *= -1;
  }
  if (circle.y - circle.radius < 0 || circle.y + circle.radius > height) {
```

```
      circle.speedY *= -1;
    }
  }
}


function drawConnectingLines() {
  for (let i = 0; i < circles.length; i++) {
    for (let j = i + 1; j < circles.length; j++) {
      let distance = dist(circles[i].x, circles[i].y, circles[j].x,
circles[j].y);
      if (distance < 100) {
        stroke(color('#95E1D3'));
        line(circles[i].x, circles[i].y, circles[j].x, circles[j].y);
      }
    }
  }
}
```

　複数の移動する円が描画され、一定より近い距離同士にある円は線で結ばれます。

　複数の円に関するデータはオブジェクトと配列を使って管理しています。setup関数内で各プロパティの値をランダムに決定し、circles配列に追加する処理を70回行っています。オブジェクトは次のような構造になっています。

プロパティ名	データの内容
x	x座標
y	y座標
radius	半径
fillColor	塗りつぶし色
speedX	x方向の移動量
speedY	y方向の移動量

2つの関数を定義しています。

bounceOffEdges関数には円が壁に触れたときに反射させる処理を記述しています。処理内容は1つ前のサンプルのmoveCircle関数の反射を実装している部分とほとんど同じです。ただし今回は、引数としてcircleを設定しています。この引数には配列に格納されているオブジェクトが渡されることを想定しています。

drawConnectingLines関数は一定以下の距離にある円同士をつなぐ線を描画します。二重ループを使い、それぞれのループで配列から1つずつ円を取り出しています。そして、1つ目のループで取り出した円と2つ目のループで取り出した円の間の距離を測定しています。距離の測定にはdist関数を用いています。測定した距離が100以下であった場合に、円同士を結ぶ線を描画しています。

draw関数内では、for文を用いて円の移動と、bounceOffEdges関数による反射のチェック、drawConnectingLines関数による線の描画を行っています。

戻り値

関数には2つの種類があります。戻り値のある関数と、ない関数です。戻り値とは、関数が返す値のことです。処理の結果を数値や文字列といったデータとして返してくれるのが戻り値のある関数です。これまで扱った関数で言えば、random関数が戻り値のある関数です。変数に代入する形で使える関数には戻り値があります。戻り値は次のように指定します。

```
function 関数名(){
  処理
  return 戻り値
}
```

戻り値のある関数を定義して使ってみましょう。

●11_3_returnValue/sketch.js
```
let circles = [];

function setup() {
  createCanvas(600, 600);
  colorMode(HSB, 360, 100, 100, 100);
  noStroke();
  for (let i = 0; i < 150; i++) {
    let circle = createBouncingCircle();
    circles.push(circle);
  }
}

function draw() {
  background(0, 15);
```

```
  for (let circle of circles) {
    moveBouncingCircle(circle);
    drawBouncingCircle(circle);
  }
}

function createBouncingCircle() {
  return {
    x:width/2,
    y:height/2,
    col: color(random(360), random(50, 100), random(50, 100)),
    size: random(5, 25),
    speedX:random(-3, 3),
    speedY:random(-3, 3),
  };
}

function moveBouncingCircle(circle) {
  circle.x += circle.speedX;
  circle.y += circle.speedY;

  if (circle.x + circle.size / 2 > width || circle.x - circle.size / 2 < 0) {
    circle.speedX *= -1;
  }

  if (circle.y + circle.size / 2 > height || circle.y - circle.size / 2 < 0) {
    circle.speedY *= -1;
  }
}

function drawBouncingCircle(circle) {
  fill(circle.col);
  ellipse(circle.x, circle.y, circle.size);
}
```

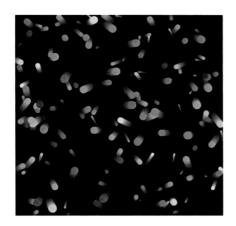

　このコードで定義した関数は3つです。createBouncingCircle関数はオブジェクトを戻り値とする関数です。座標、サイズ、色、移動量といったデータを持つオブジェクトを返します。setup関数で、createBouncingCircleで作成したオブジェクトをcircles配列に追加することをfor文で150回繰り返しています。

　moveBouncingCircle関数は円の移動と反射の処理をまとめた関数です。また、drawBouncingCircle関数で描画を行っています。

第12章　クラス

クラスはこれまで扱ってきた内容よりも抽象度の高い概念です。クラスは、オブジェクトをつくる設計図です。そろそろプログラムが複雑になってきました。クラスとオブジェクトという道具を使うと、シンプルに読みやすいコードを書くことができます。最初は難しいと感じるかもしれませんが、使っていると慣れてきます。「習うより慣れろ」のスタンスで読み進めてください。

クラスの基本

クラスとは設計図、オブジェクトとはクラスをもとに作られたモノという位置づけてす。この説明だけではイメージがわかないと思います。具体例を用いながら説明をします。最初は違和感を覚えるかもしれませんが、とても大切な概念てす。繰り返し読み返して理解するようにしてください。

クラスとオブジェクト

　クラスを使わなくても大抵の処理は記述することができます。しかし、クラスを使うと読みやすいコードを書くことができます。
　クラスは設計図のようなもの、オブジェクトはその設計図をもとに作られたモノだと考えてください。

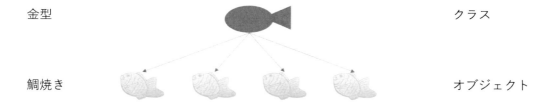

　例えば、鯛焼きは金型をもとに作ります。金型は設計図です。金型のおかげで大量生産できます。プログラミングもこれとおなじです。動く円や図形などを大量に作成する場合を考えてみましょう。設計図に相当するものがクラス、設計図から作成されたものがオブジェクトです。

・クラス＝設計図
・オブジェクト＝設計図をもとに作られたモノ

　この関係をしっかりと押さえてください。では、具体的にどのようにクラスやオブジェクトを使うか見ていきましょう。

プロパティ（特徴）とメソッド（機能）

　車とバイク、自転車の違いは、一目で区別できると思います。なぜでしょうか。これはそれぞれのモノに特徴があるからです。車であれば車輪が4つあります。自転車とバイクは車輪が2つで同じですが、一目で区別できます。エンジンがあるかないかという違いがあるからです。

　モノには特徴のほかに機能があります。車やバイクはエンジンを始動・停止できます。それぞれ、ハンドルをきって方向を変えることができます。

　特徴、機能については、それぞれ以下のように考えることができます。

・特徴＝モノを区別するための値
・機能＝モノを操作するための方法

　いくつか例をみてみましょう。

	特徴	機能
テレビ	サイズ 電源の状態 チャンネル番号	電源をON/OFFする チャンネル変更する 音量変更する
車	ナンバー 車種 色	エンジン始動する ハンドルを切る ブレーキかける

　プログラミングの世界では、特徴のことをプロパティ、機能のことをメソッドと呼びます。

クラスの実装

クラスやオブジェクトの考え方について説明しました。では、実際にプログラムのソースコードでどのように使用するかみていきましょう。

クラスの定義

　クラスの定義の最も基本的な形は次の通りです。関数の定義と似ています。

```
class クラス名{
    //プロパティやメソッドの定義
}
```

　例として、マウスカーソルの周りで回転する円のクラスを定義してみます。名前はRotatingCircleクラスとします。クラス名の最初の文字は大文字にすることが一般的なので本書でもそうします。まずは次のように記述します。

```
class RotatingCircle{

}
```

　この中でクラスのプロパティやメソッドを定義していきます。それぞれ定義する方法を説明していきます。

プロパティ

　プロパティは以下のように定義します。constructorメソッドを使って行います。書き方はこの後紹介するメソッドの定義と同じですが、これはプロパティを定義するための特別なものになります。

```
class クラス名{
  constructor(){
    this.プロパティ名1 = 初期値1,
    this.プロパティ名2 = 初期値2,
    …
  }
}
```

　プロパティ名の前にあるthisはオブジェクト自身を指します。オブジェクトにプロパティを追加する際は、オブジェクト.プロパティ名 = 初期値;という形で行っていました。同じようなことを行っていると考えてください。

　RotatingCircleクラスにプロパティを追加してみましょう。必要なプロパティは、

・座標
・円の大きさ
・回転角
・回転スピード
・回転の大きさ
・色

です。プロパティを設定してみます。

```
class RotatingCircle{
  constructor(){
    this.x = 0,
    this.y = 0,
    this.size = 30,
```

```
    this.angle = 0,
    this.rotatingSpeed = 2,
    this.rotatingSize = 50,
    this.color = color(0, 100, 100)
  }
}
```

メソッド

　メソッドは以下のように定義します。関数の定義とほとんど同じです。

```
class クラス名{
  メソッド名(引数){
    処理内容
  }
}
```

　RotatingCircleクラスに必要なメソッドは、

・円を回転させる
・円を描画する

の2つです。メソッドも実装してみましょう。メソッド内でプロパティを参照、再代入する場合も、プロパティ名の前にthisを付けて使います。

　円を回転させるrotateメソッドでは、回転角に回転スピード分の値を加算し、回転角に応じた座標を三角関数で求めています。求めた値にマウスカーソルの座標を加算することで、回転の中心がマウスカーソルのある場所になるようにしています。三角関数について忘れてしまった場合は第5章「押さえておきたい知識」の「三角関数」を改めて確認してください。

　drawメソッドでは、回転角に応じて円の色を変化させて、ellipse関数で円を描画しています。円の軌道を示す輪も描画しています。

```
class RotatingCircle{
  constructor(){
    this.x = 0,
    this.y = 0,
    this.size = 30,
    this.angle = 0,
    this.rotatingSpeed = 2,
    this.rotatingSize = 50,
    this.color = color(0, 100, 100)
```

```
  }

  rotate(){
    this.angle += this.rotatingSpeed;
    this.x = cos(radians(this.angle)) * this.rotatingSize + mouseX;
    this.y = sin(radians(this.angle)) * this.rotatingSize + mouseY;
  }

  draw(){
    //軌道の輪の描画
    noFill();
    stroke(0, 0, 100);
    ellipse(mouseX, mouseY, this.rotatingSize*2);

    this.color = color(this.angle%360, 100, 100);

    //円の描画
    fill(this.color);
    noStroke()
    ellipse(this.x, this.y, this.size);
  }
}
```

インスタンス化

　クラスはオブジェクトの設計図です。クラスのままではプログラムの中で使うことができません。テレビの設計図ではテレビを見ることができないのと同じです。使用するには設計図からモノ（オブジェクト）を作る必要があります。クラスからオブジェクトを作成することを**インスタンス化**といい、クラスから作成されたものを、オブジェクト、もしくは**インスタンス**といいます。インスタンス化は以下のように行います。代入された変数はオブジェクトとして使用します。

```
let 変数名 = new クラス名();
```

　作成したRotatingCircleクラスをインスタンス化して使ってみましょう。

● 12_1_rotatingCircle_1/sketch.js
```
let circle;
function setup(){
  createCanvas(windowWidth, windowHeight);
  colorMode(HSB);
```

```
    strokeWeight(1.5);
    circle = new RotatingCircle();
}
function draw(){
    background(255);
    circle.rotate();
    circle.draw();
}


class RotatingCircle{
    constructor(){
        this.x = 0,
        this.y = 0,
        this.size = 30,
        this.angle = 0,
        this.rotatingSpeed = 2,
        this.rotatingSize = 50,
        this.color = color(0, 100, 100)
    }

    rotate(){
        this.angle += this.rotatingSpeed;
        this.x = cos(radians(this.angle)) * this.rotatingSize + mouseX;
        this.y = sin(radians(this.angle)) * this.rotatingSize + mouseY;
    }

    draw(){
        //軌道の輪の描画
        noFill();
        stroke(0);
        ellipse(mouseX, mouseY, this.rotatingSize*2);

        this.color = color(this.angle%360, 100, 100);

        //円の描画
        fill(this.color);
        noStroke()
        ellipse(this.x, this.y, this.size);
    }
}
```

circle変数に、RotatingCircleクラスから作成したインスタンス（オブジェクト）を代入し、draw関数内でrotateメソッド、drawメソッドを実行しています。メソッドの呼び出しは関数の呼び出しと似ていて、「オブジェクト.メソッド名();」で行います。

インスタンス化の際にプロパティを設定する

プロパティを設定する際に使用したconstructorメソッドには引数を設定することができます。引数を設定した場合、インスタンス化のときに丸括弧の中に入力した値が渡されます。

RotatingCircleクラスのconstructorメソッドを書き直して、回転の大きさと回転のスピードをインスタンス化の際に設定できるようにします。constructorメソッドを次のように書き直してください。

```
constructor(rSpeed, rSize){
  this.x = 0,
  this.y = 0,
  this.size = 30,
  this.angle = 0,
  this.rotatingSpeed = rSpeed,
  this.rotatingSize = rSize,
  this.color = color(0, 100, 100)
}
```

rSpeed、rSizeと2つの引数を設定し、それぞれrotatingSpeedプロパティとrotatingSizeプロパティに代入しています。これで、インスタンス化の際に回転のスピードと大きさを設定できるようになりました。例えばlet circle = new RotatingCircle(3, 100);とすれば、rotatingSpeedプロパティが3、rotatingSizeが100のオブジェクトがcircle変数に代入されます。

これを使って、3重の円を描画してみましょう。コードを次のように書き換えてください。配列に3つのRotatingCircleクラスのインスタンスを格納しています。インスタンス化をしている部分に注目してください。丸括弧の中で値を指定して、軌道の大きさと回転のスピードを変化させています。

```javascript
let circles = [];
function setup(){
  createCanvas(windowWidth, windowHeight);
  colorMode(HSB);
  strokeWeight(1.5);
  for(let i = 1; i < 4; i++){
    let circle = new RotatingCircle(i*0.75, i*50);
    circles.push(circle)
  }
}
function draw(){
  background(255);
  for(let circle of circles){
    circle.rotate();
    circle.draw();
  }
}

class RotatingCircle{
  constructor(rSpeed, rSize){
    this.x = 0,
    this.y = 0,
    this.size = 30,
    this.angle = 0,
    this.rotatingSpeed = rSpeed,
    this.rotatingSize = rSize,
    this.color = color(0, 100, 100)
  }

  rotate(){
    this.angle += this.rotatingSpeed;
    this.x = cos(radians(this.angle)) * this.rotatingSize + mouseX;
    this.y = sin(radians(this.angle)) * this.rotatingSize + mouseY;
  }

  draw(){
    //軌道の輪の描画
    noFill();
    stroke(0);
    ellipse(mouseX, mouseY, this.rotatingSize*2);
```

```
    this.color = color(this.angle%360, 100, 100);

    //円の描画
    fill(this.color);
    noStroke()
    ellipse(this.x, this.y, this.size);
  }
}
```

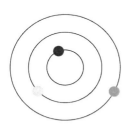

p5.Vector クラス

p5.jsには定義済みのクラスが用意されています。その1つとして、座標管理が楽になるクラスを紹介します。

　これまで座標は例えば{x:x座標, y:y座標}といったオブジェクトを使って管理してきました。p5.jsで用意されているp5.Vectorクラスを使えば、このようなオブジェクトを作成してくれるほか、座標移動の処理などもメソッドを使って簡単に行うことができるようになります。p5.VectorクラスはcreateVectorという関数を使ってインスタンス化します。

createVector(x座標, y座標)

　p5.Vectorクラスは{x:x座標, y:y座標}というプロパティを持っています。さらに、p5.Vectorクラスのインスタンス同士を足したり引いたりするメソッドを持っています。それらのメソッドを使うと座標を移動させる計算を行うことができます。計算はx座標、y座標同士で行われます。以下は四則演算を行う基本的なメソッドです。

・加算：addメソッド
・減算：subメソッド

・乗算：multメソッド
・除算：divメソッド
・剰余：remメソッド

例を見てみましょう。

```
let p1 = createVector(2, 4); //{x:2, y:4}
let p2 = createVector(5, 8); //{x:5, y:8}
p1.add(p2); //{x:7, y:12}
```

最後のaddメソッドは次のコードと同じ働きをしています。

```
p1.x += p2.x;
p1.y += p2.y;
```

実例を見てみましょう。次のコードでは壁に当たると反射しながら動く円のクラスを実装しています。円の座標を格納するpositionプロパティと、円の移動量を格納するvelocityプロパティにcreateVectorで作成したインスタンスを代入しています。円の座標を移動させるmoveメソッドでは、p5.Vectorクラスのaddメソッドを使って、positionプロパティの値にvelocityプロパティの値を加算しています。

● 12_3_vector/sketch.js
```
let circle;
function setup(){
  createCanvas(400, 400);
  circle = new Circle();
}
function draw(){
  background(0);
  circle.move();
  circle.draw();
}

class Circle{
  constructor(){
    this.position=createVector(width/2, height/2),
    this.velocity=createVector(2, 4)
  }
  move(){
    this.position.add(this.velocity);
    if(this.position.x < 0 || this.position.x > width){
```

```
      this.velocity.x*=-1
    }
    if(this.position.y < 0 || this.position.y > height){
      this.velocity.y*=-1
    }
  }
  draw(){
    ellipse(this.position.x, this.position.y, 20)
  }
}
```

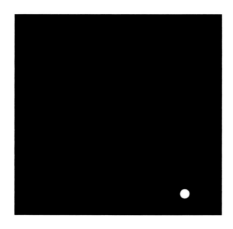

使ってみよう

サンプル1

　関数の章で扱ったサンプルを、クラスを使って書きなおしてみましょう。

● 12_4_bubble/sketch.js
```
let particles = [];

function setup() {
  createCanvas(600, 600);
  colorMode(HSB, 360, 100, 100, 100);
  noStroke();
  for (let i = 0; i < 150; i++) {
    particles.push(new Particle());
  }
}
```

```
function draw() {
  background(0, 15);
  for (let p of particles) {
    p.move()
    p.draw()
  }
}

class Particle {
  constructor() {
    this.pos = createVector(width / 2, height / 2)
    this.col = color(random(360), random(50, 100), random(50, 100));
    this.size = random(5, 25);
    this.velocity = createVector(random(-3, 3), random(-3, 3));
  }

  move() {
    this.pos.add(this.velocity)
    if (this.pos.x > width || this.pos.x < 0) {
      this.velocity.x *= -1;
    }

    if (this.pos.y > height || this.pos.y < 0) {
      this.velocity.y *= -1;
    }
  }

  draw() {
    fill(this.col);
    ellipse(this.pos.x, this.pos.y, this.size);
  }
}
```

　色とりどりの円が中心から分散し、四方の壁に当たると反射します。

　この円を Particle クラスとして定義しています。Particle クラスのプロパティとメソッドは以下の通りです。

●プロパティ

プロパティ名	データの内容
pos	座標
col	色
size	大きさ
velocity	移動する方向

●メソッド

名前	処理内容
move	座標を動かす
draw	描画

　setup 関数で particles 配列に Particle クラスのインスタンスを 150 回追加しています。draw 関数では配列からインスタンスを for of で取り出し move メソッドと draw メソッドを実行しています。クラスの中でほとんどの処理を記述しているため、setup 関数や draw 関数に記述する内容が簡潔でわかりやすくなっています。

サンプル2

　画面をクリックすると、そこに点が現れランダムな方向へ散っていきます。一定より近い位置にある点は線で結ばれます。

```
let circles = [];

function setup() {
  createCanvas(windowWidth, windowHeight);
  stroke(255);
}

function draw() {
  background(0, 0, 40);
  if (mouseIsPressed) {
    circles.push(new Circle(mouseX, mouseY));
    if (circles.length > 100) {
      circles.splice(0, 1);
    }
  }
  for (let circle of circles) {
    circle.move();
    circle.draw();
    for (let otherCircle of circles) {
      if (circle !== otherCircle) {
        let position1 = circle.position;
        let position2 = otherCircle.position;
        let distance = dist(
          position1.x, position1.y,
          position2.x, position2.y
        );

        if (distance < 100) {
          line(position1.x, position1.y, position2.x, position2.y);
        }
      }
    }
  }
}

class Circle {
  constructor(x, y) {
    this.position = createVector(x, y);
    this.velocity = createVector(random(-3, 3), random(-3, 3));
    this.size = random(3, 10);
```

```
  }

  move() {
    this.position.add(this.velocity);
  }

  draw() {
    ellipse(this.position.x, this.position.y, this.size);
  }
}
```

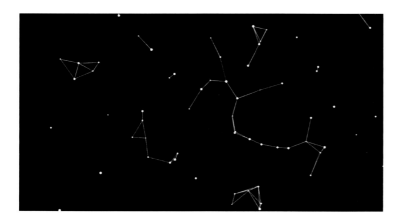

　点はCircleクラスとして実装されています。Circleクラスは次のようなプロパティとメソッドを持っています。

●プロパティ

プロパティ名	データの内容
position	座標
velocity	動く向き
size	サイズ

●メソッド

メソッド名	処理内容
move	座標を動かす
draw	描画

　draw関数の最初のif文では、マウスがクリックされた際にcircles配列にCircleクラスのインスタンスを追加しています。positionプロパティとvelocityプロパティはcreateVectorを使ってデータを

作成しています。また、circles配列の長さが100以上となる場合には、配列の最初の要素を削除しています。削除にはspliceを使っています。0番目（先頭）から1つ分の要素を削除するよう指定しているため、先頭の要素だけが削除されます。

　描画の部分では二重ループをしています。最初のfor文ではaddメソッドで座標に移動分のベクトルを加算し、ellipse関数で点を描画しています。

　内部でさらにfor文を使い、再びcirclesから要素をひとつずつ取り出しています。最初のfor文で取り出された点と同じ点でない場合に、dist関数を用いて点間の距離を測っています。条件を記述するために、「!==」という演算子を使用しています。これは比較する対象が同じオブジェクトではない、ということを明示的に示します。

　dist関数は2点間の距離を返す関数です。この距離が100以下であるとき、2点間に線を描画しています。

第13章 パーリンノイズ

パーリンノイズはランダムな数値を生成します。random関数との違いは、生成される数値がなめらかに変化していくことです。ランダムかつ自然な表現をするのに役に立ちます。

noise関数

パーリンノイズを生成する方法を学びましょう。少し癖のある関数ですが、random関数ではできない表現ができるようになります。

noise関数の基本

　パーリンノイズはランダムな数値を生成します。ただしrandom関数とは違い、生成される数値はなめらかに変化していきます。

　パーリンノイズの値を生成してくれるのが、noise関数です。noise関数は0から1の間の値を戻り値として返します。生成される数値はなめらかに変化します。同じようにランダムな数値を生成する関数にrandom関数がありますが、用途が違うので注意してください。

・random関数
　指定された範囲で一様に変化するランダムな数を生成する。範囲が省略された場合は0〜1の範囲の値を返す。サイコロやくじ引きのような偏りのない乱数を生成するとき使用する。

・noise関数
　引数の値に応じて0〜1の間のランダムな値を返す。引数が変化した度合いに応じて生成される乱数のバラつき度合いが変化する。引数が同じ場合は同じ数値を返す。

　noise関数は、引数の値が変わると戻り値が変化しますが、引数の値の変化の度合いによって戻り値の値のばらつきが変わってきます。

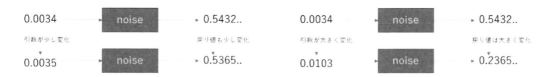

　例を見てみましょう。

● 13_1_noise_1/sketch.js

```javascript
let col1, col2
function setup(){
  createCanvas(windowWidth, windowHeight);
  colorMode(HSB);
  noStroke();
  for(let i = 0; i < 20; i++){
    col1 = map(noise(i*0.05), 0, 1, 0, 360);
    fill(col1, 100, 100);
    rect(i*50, 0, 50);

    col2 = random(360);
    fill(col2, 100, 100);
    rect(i*50, 100, 50);
  }
}
```

　noise関数でHSBの色相の値を決めている上段の色はなめらかに変化していますが、random関数を使っている下段はまばらな配色となっています。

　col1が上段の色相、col2が下段の色相を保存する変数です。for文で20回処理を繰り返しています。

```javascript
col1 = map(noise(i*0.05), 0, 1, 0, 360);
```

　この部分がnoise関数を使っている部分です。引数にはカウンタ変数を0.05倍した値を入れています。カウンタ変数が1増加する度にnoise関数の引数は0.05ずつ増加します。こうすることでnoise関数の戻り値を変化させています。もしnoise関数の引数を変化させなかったら、戻り値は同じ数値になるので色は変わりません。noise関数の戻り値は0から1の範囲の値です。色相は0から360の範囲なので、map関数を用いて値を変換しています。map関数はある範囲における数値を別の範囲のものに変換する関数でした。忘れている場合は第5章「押さえておきたい知識」の「便利な関数」を再び確認してみてください。

　今回の例ではカウンタ変数に0.05をかけ、引数が0.05ずつ変化するようにしていますが、この部分を変えると、色の変化の度合いを調節することができます。例えばnoise(i*0.01)として、0.01ずつ変化するようにした場合、下のようにさらに変化の度合いが緩やかになります。

逆にnoise(i)として引数が1ずつ変化するようにした場合、

変化の度合いがかなり大きくなり、random関数を使ったときのようなバラつきがみられるようになります。引数をどのくらい変化させるかについては、いろいろな数値を試しながら、しっくりくるものを探してみるといいでしょう。

2つの引数

　noise関数には2つの引数を設定することもできます。x座標とy座標から色などの値を決めたい場合などは2つの引数を使います。次の例をみてください。

●13_2_noise_2/sketch.js

```
let color
function setup(){
  createCanvas(windowWidth, windowHeight);
  colorMode(HSB);
  noStroke();
  for(let x = 0; x < 20; x++){
    for(let y = 0; y < 20; y++){
      color = map(noise(x*0.05, y*0.05), 0, 1, 0, 360)
      fill(color, 100, 100)
      rect(x*50, y*50, 50);
    }
  }
}
```

色が滑らかに変化しています。試しに、noise関数を使っている部分をnoise(x*0.05, 0)と書き換えてみましょう。2つ目の引数が変化しないので、x方向だけで色が変化するようになります。2方向の変化を掛け合わせた値を返しているとイメージしてください。

3つの引数

noise関数では、さらに3つの引数を使うこともできます。縦、横といった要素に加え、高さ、あるいは時間経過といった要素を加えたいときに3つの引数を使います。実例を見てみましょう。次のコードを実行してください。

● 13_3_noise_3/sketch.js

```javascript
let color
function setup(){
  createCanvas(windowWidth, windowHeight);
  colorMode(HSB);
  noStroke();
}
function draw(){
  for(let x = 0; x < 20; x++){
    for(let y = 0; y < 20; y++){
      color = map(noise(x*0.05, y*0.05, frameCount*0.005), 0, 1, 0, 360)
```

```
        fill(color, 100, 100)
        rect(x*50, y*50, 50);
      }
    }
}
```

　先ほどのコードに、3つ目の引数を追加しました。3つ目の引数は時間経過を表すため、経過した
フレーム数を示すframeCount変数を使用しました。また、for文をdraw関数に移動しました。時間
経過によってなめらかに色が移り変わる表現ができています。

使ってみよう

noise関数を使ったサンプルを見てみましょう。

サンプル1

●13_4_noise_4/sketch.js

```javascript
let radius = 200;
let radiusNoise = 0;
let x, y;
let theta = 0;
function setup() {
  createCanvas(windowWidth, windowHeight);
  stroke(20, 50, 70,10);
  colorMode(HSB,360,100,100,100);
}
function draw() {
  radiusNoise += 0.5;
  radius = map(noise(radiusNoise), 0, 1, 150, 250);
  theta += 0.05;
  x = width / 2 + (radius * cos(theta));
  y = height / 2 + (radius * sin(theta));
  fill(frameCount%360,100,100);
  rect(x, y, random(100), random(10));
}
```

　ノイズ関数を使っているのは円の半径を決める部分です。150から250の範囲で半径を少しずつ変えながら円周上に四角形を描画しています。三角関数を用いて、角度と半径から座標を算出しています。

サンプル2

```javascript
let seeds = [];

function setup() {
  colorMode(HSB);
  createCanvas(400, 400);
  noStroke();
  for (let i = 0; i < 40; i++) {
    seeds.push(random(10));
  }
}

function draw() {
  background(0);

  for (let i = 0; i < seeds.length; i++) {
    fill(map(i, 0, seeds.length, 0, 255), 255, 255);
    seeds[i] += (0.001 * i) / 10;
    let s = seeds[i];
    for (let y = 0; y < 40; y++) {
      s += 0.01;
      x = map(noise(s), 0, 1, 0, 400);
      ellipse(x, y * 10, 5);
    }
  }
}
```

円の連なった色とりどりの線が左右に揺れながら描画されます。

seeds配列にnoise関数の引数となる値を格納しています。seeds配列の要素の数だけ線が描画されます。

draw関数ではfor文を使ってseeds配列内の各要素に対して次のような処理を繰り返します。

1．カウンタ変数に応じてHSBの色相を決定します。map関数を使って0〜配列の要素数の範囲のものから0〜255の範囲のものに変換しています。
2．要素の値を更新します。カウンタ変数の値に応じて変化の速度が変化します。
3．s変数に要素の値を格納します。
4．再びfor文を40回繰り返します。
   ・s変数の値を変化させます。これによってnoise関数の戻り値を少し変化させています。
   ・s変数を引数としてnoise関数でパーリンノイズを求め、座標としてつかえるように0〜キャンバス幅の範囲に変換しています。

・ellipse関数で円を描画します。xはパーリンノイズを使った値、yはカウンタ変数yに応じて大きくしています。

第14章　発展編

p5.jsで扱える発展的な内容を紹介します。これまでで身に付けてきたことと一緒に使って、さまざまな表現に挑戦してみましょう。

複雑な図形

ここまて、rect関数やellipse関数などで基本的な図形を描画してきましたが、任意の点を指定して複雑な図形を描画することもてきます。

beginShape・endShape・vertex

　複雑な図形の描画はbeginShape関数とendShape関数で挟まれた部分で行います。この2つの関数はセットになっています。座標系変換の際に使ったpush関数、pop関数と同じような感じです。

　beginShape関数とendShape関数で挟まれた部分で、vertex関数を使って図形を構成する点の座標を指定していきます。vertexは頂点という意味です。vertex関数で指定された点が線で結ばれて図形ができあがります。

　実例を見てみましょう。次のコードを実行してください。

● 14_1_vertex/sketch.js

```javascript
function setup() {
  createCanvas(400, 400);
  background(220);
  beginShape();
  vertex(100, 100);
  vertex(250, 100);
  vertex(300, 300);
  vertex(150, 300);
  endShape();
}
```

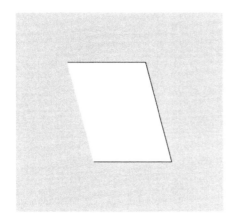

　平行四辺形が描画されました。しかし、最初と最後の点が結ばれていません。この2点を線で結ぶためには、endShape関数の引数をendShape(CLOSE);とします。すると次のように2点が線で結ばれた状態で描画されます。

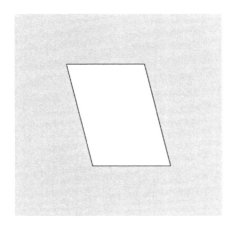

curveVertex

　vertex関数を使って頂点を指定すると頂点同士が直線で結ばれますが、curveVertex関数を使うと頂点同士が曲線で結ばれます。次のコードを実行してください。

● 14_2_curveVertex/sketch.js

```
let numPoints = 24;

function setup() {
  createCanvas(400, 400);
  background(255);
  beginShape();
  noFill();
  for (let i = 0; i < numPoints; i++) {
    let angle = map(i, 0, numPoints, 0, TWO_PI);
    let radius = i%2 == 0 ? 80:100;
    let x = width / 2 + cos(angle) * radius;
    let y = height / 2 + sin(angle) * radius;

    curveVertex(x, y);
  }
  endShape(CLOSE);
}
```

　24個の点を打って曲線で結んでいます。

　angleには点を打つ角度を格納しています。map関数を使い、0から24（numPoints変数の値）の範囲におけるカウンタ変数（i）の値を0からTWO_PIの範囲における値に変換しています。TWO_PIは2πに相当する数値を格納した定義済み変数です。　2πは　360°をラジアン法で表したものでした。cos関数やsin関数の引数として使う角度はラジアンで指定する必要があるため、TWO_PIを使って

います。円を24等分したうちのi番目の角度を格納していると考えてください。

　radiusには円の半径を格納しています。ここでは三項演算子を使っています。もし覚えていないという場合は、第6章「if文」の「三項演算子」を確認してください。カウンタ変数が偶数の場合は80を、奇数の場合は100を代入しています。半径の小さい円の点と大きい円の点を交互に打つことで、曲線で結んだときに波になります。

　xとyには角度と半径に応じた座標を格納しています。円の中心 +sin/cos(角度)*円の半径で座標を求めることができます。

　描画した図形ですが、よく見ると曲線になっていない部分があります。

　curveVertex関数を使うと、うまく図形が閉じないことがあります。最初の3点を最後に再び追加し、endShape関数にCLOSEを指定しないようにすると、きれいに曲線が繋がります。上記のコードのfor文の条件文をfor (let i = 0; i < numPoints+3; i++)とすると最後に最初の3点が再び打たれます。endShape関数のCLOSEを消して実行するときれいな曲線が繋がっていることが確認できます。

サウンド

p5.jsに音の要素を取り入れてみましょう。

下準備

　p5.jsで音声ファイルを扱うためには、追加のプログラムを読み込む必要があります。HTMLファイルを書き換えましょう。p5.sound.jsというファイルを読み込みます。headタグの中に1行追加してください。

● 14_3_sound/index.html

```
<!DOCTYPE html>
<html lang="ja">
  <head>
    <meta charset="utf-8">
    <title>Sound</title>
    <script src="https://cdnjs.cloudflare.com/ajax/libs/p5.js/1.7.0
/p5.min.js"></script>
    <script src="https://cdnjs.cloudflare.com/ajax/libs/p5.js/1.7.0
/addons/p5.sound.min.js"></script>
    <script src="./sketch.js"></script>
    <style>
      html, body {
        margin: 0;
        padding: 0;
      }
      canvas {
        display: block;
      }
    </style>
  </head>
  <body>
  </body>
</html>
```

サウンドの基本

　音声を扱う際は、画像と同じくsetup関数より前にファイルを読み込む工程が必要です。preload関数内で、音声ファイルを読み込みます。音声ファイルの読み込みにはloadSound関数を使います。音声ファイルの種類にはmp3ファイルやwavファイルといったものがあります。

◇ loadSound(path)：音声を読み込んでp5.jsで使えるデータを作成する。

path……音声ファイルへのパス

　loadSound関数は音声を読み込み、p5.SoundFileクラスからインスタンスを作成して返します。p5.SoundFileクラスは、音声を再生する、停止するといったことができるメソッドを持っています。メソッドの一例を紹介します。

・playメソッド：音声を再生する
・stopメソッド：音声の再生を停止する
・pauseメソッド：音声の再生を一時停止する
・isPlayingメソッド：音声が再生されていたらtrue、再生されていなかったり一時停止されていたりしたらfalseを返す

　実際に音声を使ってみましょう。次のコードを実行してください。実行に際して、音声ファイルを用意してください。音声ファイルはsketch.jsと同じフォルダーに格納しましょう。次のような構造になります。このコードでは音声ファイルをsound.mp3としています。

親フォルダー/
　　├ index.html
　　├ sketch.js
　　├ sound.mp3

● 14_3_sound/sketch.js

```javascript
let sound;

function preload() {
  sound = loadSound('sound1.mp3');
}

function setup() {
  createCanvas(500, 500);
}

function draw() {
  background(0);
  if (sound.isPlaying()) {
    fill(255, 0, 0);
  } else {
    fill(255);
  }
  ellipse(width / 2, height / 2, 50, 50);
```

```
}

function mouseClicked() {
  if (sound.isPlaying()) {
    sound.stop();
  } else {
    sound.play();
  }
}
```

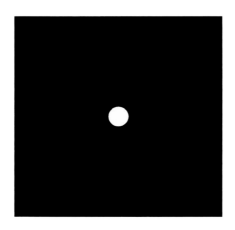

　画面がクリックされると音声が再生されます。音声の再生中に画面がクリックされた場合は、音声の再生を停止します。音声の再生中は中心の円が赤くなり、それ以外の場合は白色になります。

・preload 関数
loadSound 関数で音声ファイルを読み込み、sound 変数に作成されたインスタンスを格納しています。
・draw 関数
sound.isPlaying() で音声が再生中か判定し、再生中の場合は fill 関数に赤を設定し、再生されていない場合は白色を設定しています。
・mouseClicked 関数
マウスがクリックされたら実行されます。
再生中の場合は音声を停止、再生中でない場合は音声を再生しています。

マイク

　コンピュータやスマートフォンに搭載されているマイクを使うこともできます。p5.AudioIn クラスを使うと、マイクを使えるようになります。getLevel メソッドは、戻り値としてマイクが受け取った音の音量を返します。

実際の使用例を見てみましょう。

● 14_4_mic/sketch.js

```javascript
let mic;

function setup() {
  createCanvas(windowWidth, windowHeight);
  fill(25, 225, 25);
  noStroke();
  mic = new p5.AudioIn();
  mic.start();
}

function draw() {
  background(0, 30);
  let micLevel = mic.getLevel();
  let circleSize  = micLevel * 1000;
  ellipse(width / 2, height / 2, 100 + circleSize );
}
```

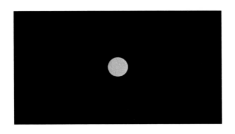

　マイクの音量に応じて、中央の円の大きさが変化します。ブラウザの設定によってはマイクへの
アクセスを許可する必要があります。

・setup関数
　mic変数にp5.AudioInクラスのインスタンスを代入しています。startメソッドを使って、マイクの
入力の受付を開始します。
・draw関数
　micLevel変数に音量レベルの値を格納しています。音量レベルの値は0〜1の範囲で返され、その
ままだとかなり小さいので乗算などで大きくしましょう。
　1000倍した値をcircleSizeに格納し、円の半径として使っています。

3D

ここまで2次元の世界での表現を紹介してきましたが、実はp5.jsでは3Dの表現をすることもできます。

描画してみる

x座標とy座標からなる2Dの世界に、z座標を加えることで3Dの表現が可能になります。

p5.jsを3Dに対応させるためにはcreateCanvas関数に引数を追加する必要があります。引数の3番目にWEBGLと指定しましょう。WebGLとはWeb上で3Dグラフィックを描画する技術です。引数を指定することでキャンバスに描画される世界が3Dのものになります。

2Dのキャンバスでは左上が原点(0, 0)でした。しかし、3Dのキャンバスではキャンバスの中央が原点(0, 0, 0)となります。注意してください。

```
createCanvas(幅, 高さ, WEBGL);
```

手始めに立方体を描画してみましょう。2Dの描画命令のような関数が用意されています。立方体はbox関数で描画します。rect関数のように座標を指定する引数がありません。3Dの図形を描画する関数は、キャンバスの中央に図形を描画します。

◇box([w], [h], [d])：幅w、高さh、奥行dの立方体を描画する（単位はピクセル）
　　w……幅（省略時は50）
　　h……高さ（省略時は幅と同じ）
　　d……奥行（省略時は高さと同じ）

次のコードを実行してください。

●14_5_3D/sketch.js

```
function setup() {
  createCanvas(1000, 700, WEBGL);
}

function draw() {
  background(0);
  box(100);
}
```

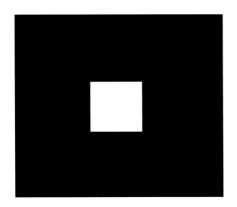

　画面の中心に正方形が表示されます。これは立方体を正面から見た図です。ここで描画されている空間が3D空間であることをわかりやすく表現するため、この立方体を回転させてみましょう。rotateY関数はY軸を中心に座標系を回転させます。回転する角度は引数で指定します。draw関数にrotateY(frameCount*0.01);というコードを追加してください。フレーム数の経過に応じて立方体が回転し、立体を感じやすくなります。似た関数として、X軸を中心に回転するrotateX関数もあります。

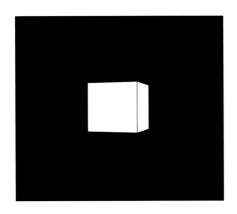

　box関数以外にも、立体を描画する関数がいくつかあります。

・sphere関数：球体

◇sphere([r], [detailX], [detailY])：半径rの球体を描画する（単位はピクセル）

　　r……半径（省略時は50）

　　detailX……x方向の分割数（省略時は24）

　　detailY……y方向の分割数（省略時は24）

　　分割数が大きくなるほど球が滑らかに見えるようになります。

・torus関数：円環

◇torus([r], [tR], [detailX], [detailY])：半径r、太さtRの円環を描画する（単位はピクセル）

　　r……円環の半径（省略時は50）

　　tR……円環の太さ（省略時は10）

　　detailX……x方向の分割数（省略時は24）

　　detailY……y方向の分割数（省略時は24）

・cone関数：円錐

◇cone([r], [h], [detailX], [detailY])：底面の半径r、高さhの円錐を描画する（単位はピクセル）

　　r：底面の半径（省略時は50）

　　h：高さ（省略時は半径と同じ）

　　detailX……円周方向の分割数（省略時は24）

　　detailY……高さ方向の分割数（省略時は1）

立体の移動

　立体を描画する関数は、座標系の原点に立体を描画します。指定した場所に立体を描画したい場合は、translate関数やrotate関数を使います。これらの関数については、座標系変換の章を参照してください。

　実際に描画する位置を中央から動かしてみます。次のコードを実行してください。

● 14_6_3D_translate_1/sketch.js

```javascript
function setup() {
  createCanvas(1000, 700, WEBGL);
  background(0);
  fill(200, 0, 0)
  box(100);
  fill(255);
  translate(-200, 0, 0);
  box(100);
}
```

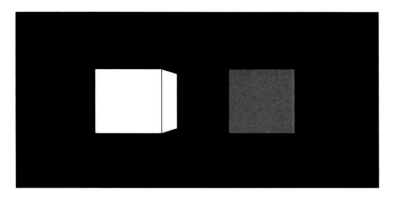

　赤の立方体が座標を移動する前に描画したもの、白い立方体がx座標を-200移動させてから描画したものです。負の方向に座標を移動したので、中央より左側に描画されています。

　さまざまな立体を並べて表示してみましょう。次のコードを実行してください。

● 14_7_3D_translate_2/sketch.js

```javascript
function setup() {
  createCanvas(1000, 700, WEBGL);
}

function draw() {
  background(0);
  // 球
  push();
  translate(-350, 0, 0);
  rotateX(frameCount * 0.01);
  rotateY(frameCount * 0.01);
  sphere(80, 10);
  pop();
```

```
  // トーラス
  push();
  translate(-150, 0, 0);
  rotateX(frameCount * 0.01);
  rotateY(frameCount * 0.01);
  torus(50, 20);
  pop();

  // ボックス
  push();
  translate(50, 0, 0);
  rotateX(frameCount * 0.01);
  rotateY(frameCount * 0.01);
  box(100);
  pop();

  // コーン
  push();
  translate(250, 0, 0);
  rotateX(frameCount * 0.01);
  rotateY(frameCount * 0.01);
  cone(70);
  pop();
}
```

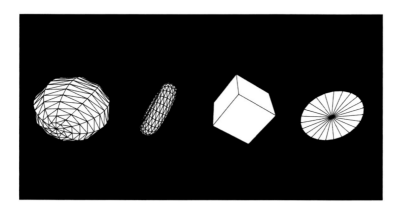

　球、円環、立方体、円錐が並んで描画されます。push関数とpop関数で挟まれた部分でtranslate
関数やrotateX関数を使っても、挟まれている部分の外側には影響を及ぼしません。それぞれの図形
について、座標を移動、XY軸を中心に回転という処理を行っていますが、push関数とpop関数を

使っているため互いに影響はありません。

ライト・マテリアル

　3D空間では、ライトを配置して立体を照らすことができます。また、立体に光が当たったとき、光をどのように反射するのかを設定できます。いわば立体の「質感」に関する設定であり、これをマテリアルといいます。これらを使うとリアルな空間の表現ができます。
　球体を配置した空間を使ってそれぞれの効果を試してみましょう。次が基本的な状態です。

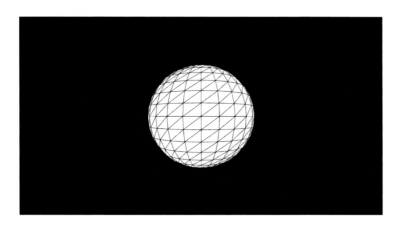

ライト
　ライトを配置してみましょう。ライトにはいくつか種類があります。

・環境光：全体を照らすライト
◇ambientLight(c1, c2, c3)：全体を等しく照らす環境光を配置する
　c1, c2, c3……RGBやHSBの値

・ポイントライト：ある1点から全方向に光を放射するライト
◇pointLight(c1, c2, c3, x, y, z)：(x, y, z)にポイントライトを配置する
　c1, c2, c3……RGBやHSBの値
　x, y, z……ライトの位置

・指向性ライト：ある方向から照らすライト
◇directionalLight(c1, c2, c3, x, y, z)：xyzで指定された方向に向かって光を出す
　c1, c2, c3……RGBやHSBの値
　x, y, z……ライトの方向（-1から1の範囲）

　方向の指定がややこしいですが、下記の通りになっています。

	負	正
X	右から照らす	左から照らす
Y	下から照らす	上から照らす
Z	手前から照らす	奥から照らす

　まず環境光を設定してみます。赤い環境光を設定してみます。また表示されている枠線をnoStroke関数で消します。

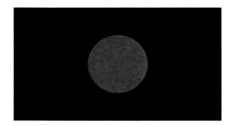

　全体が照らされるので、立体感のない球が描画されます。ここに指向性ライトを追加してみましょう。directionalLight(150, 150, 150, -1, 1, -1)で、右手前の上部から照らします。

　光で照らされている部分と影になっている部分がわかるようになり、立体感が出ました。ここにさらにマテリアルを設定してみましょう。

マテリアル
　立体の質感を設定してみましょう。

・通常のマテリアル
◇ambientMaterial(c1, c2, c3)：立体が反射する色を設定する。
　c1, c2, c3……RGBやHSBの値

・光沢のあるマテリアル
◇specularMaterial(c1, c2, c3)：光沢のあるマテリアルを設定する。
　c1, c2, c3……RGBやHSBの値（反射する色）

また、shininess関数で光沢の度合いを調整できます。

◇shininess(shine)：supecularMaterialの光沢を設定する。
　shine：光沢（デフォルトは1）

　マテリアルを設定した立体を見てみましょう。中央上部にポイントライトを配置し、右に
ambientMaterialを、左にambientMaterialとspecularMaterialを設定した球体を配置しました。環
境光も設定しています。右の球体は光沢が出ていることがわかります。

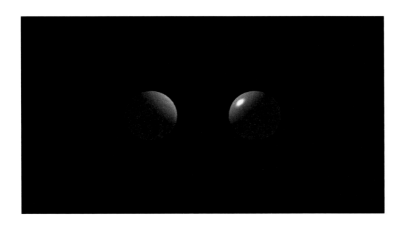

●14_8_3D_material/sketch.js

```
function setup() {
  createCanvas(windowWidth, windowHeight, WEBGL);
  background(0);
  noStroke();

  ambientLight(150);
  pointLight(200, 200, 200, 0, -200, 0);

  push();
  translate(-200, 0, 0);
  ambientMaterial(150, 0, 0);
  sphere(100);
  pop();

  push();
  translate(200, 0, 0);
  ambientMaterial(150, 0, 0);
  specularMaterial(255);
```

```
    shininess(30);
    sphere(100);
    pop();
}
```

演習

スキルを定着させるには、知識を得るインプットだけでなく、実際に使ってみるアウトプットが大切です。

第1章　はじめに

HTMLを書いてみる、p5.jsを動かしてみる、そんなところから気軽に始めてみましょう。

演習

演習1

HTMLのタグに慣れてみましょう。VSCodeを使って menu.html というファイルを作成して、お気に入りのレシピのページを作成してください。見出しは <h1> タグ、<h2> タグを、画像は <img> タグを使用します。以下のコードを参考にしてください。

```
<h1>見出し1<h1>
<h2>見出し2<h2>
<img src="画像ファイル">
<ul>
    <li>番号なし箇条書き</li>
    <li>番号なし箇条書き</li>
</ul>
<ol>
    <li>番号あり箇条書き</li>
    <li>番号あり箇条書き</li>
</ol>
```

次の図は、前述のコードの内容を書き換えてページを作成した例です。

カレーライス

材料

- 肉：200g
- 玉ねぎ：中2個
- 人参：1本
- カレールー：半箱

作り方

1. 肉を切って炒める
2. 野菜を切って炒める
3. ルーを入れて煮込む

演習2

最初のp5.jsのコンテンツを実行してみましょう。sketch.jsというファイルに以下の内容を記述してください。ここでは実行してみることが目的です。まだ内容は理解できなくても大丈夫です。

```
function setup() {
  createCanvas(600,600)
}

function draw() {
  circle(mouseX, mouseY, 30)
}
```

index.htmlファイルを用意して、VSCodeのLive Serverを使ってindex.htmlファイルを表示してください。マウスを動かすことで円が描画されることを確認してください。

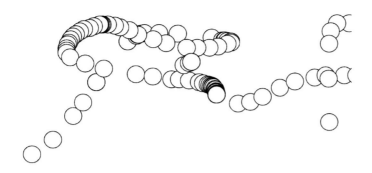

解答例

演習 1

HTML文書全体を<html>タグで囲むこと、画面に表示する部分は<body>タグで囲むことなどに注意してください。Webページを作るときにはHTMLタグが欠かせません。p5.jsではHTMLタグを多用することは少ないかもしれませんが、いろいろなタグに慣れておくとよいでしょう。

● 1_1_intro/menu.html

```html
<!DOCTYPE html>
<html lang="ja">
    <head>
        <meta charset="utf-8">
        <title>exercies/1_intro/ex1</title>
    </head>
    <body>
        <h1>カレーライス</h1>
        <img src="curry.jpg">
        <h2>材料</h2>
        <ul>
            <li>肉：200g</li>
            <li>玉ねぎ：中2個</li>
            <li>人参：1本</li>
            <li>カレールー：半箱</li>
        </ul>
        <h2>作り方</h2>
        <ol>
            <li>肉を切って炒める</li>
            <li>野菜を切って炒める</li>
            <li>ルーを入れて煮込む</li>
```

```
        </ol>
    </body>
</html>
```

演習2

これからp5.jsを使っていろいろなコンテンツを作成していきます。VSCodeを使ってコンテンツを実行する、そんな手順に慣れておきましょう。

ちなみに、ブラウザのURL部分が以下のようになっていることに注意してください。

● 1_2_intro/sketch.js
```
function setup() {
  createCanvas(600,600)
}

function draw() {
  circle(mouseX, mouseY, 30)
}
```

● Chrome の場合：

● Edge の場合：

127.0.0.1というのは自分自身のIPアドレス（インターネット上でパソコンを特定する番号）を意味します。つまり、自分のパソコンで動作しているWebサーバからファイルを取得しています。これが意図する動作です。Webサーバに関しては、第1章「はじめに」のLive Serverの説明を参照して下さい。

一方、エクスプローラー（Windowsの場合）やFinder（macOSの場合）を使って、HTMLをダブルクリックすることでもコンテンツを表示できます。この場合はアドレスの表示が以下のようになります。

"ファイル"という表示が確認できます。ブラウザはWebサーバを経由せずに、パソコンにある
ファイルを直接表示しています。シンプルなp5.jsのコンテンツであれば、この方法でも実行できま
すが、画像や音声など別のファイルを使用するコンテンツの場合は、この方法では動作しないので
注意してください。

実行すると、マウスの動きと連動した以下のような描画が行われます。

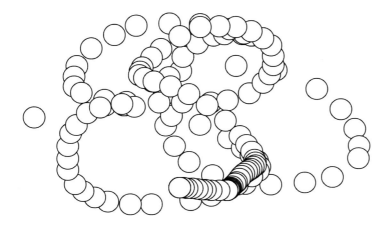

第2章　描画命令

イメージした内容を表現できるのが理想です。いろいろな絵を描画してみましょう。

演習

演習1

以下のような画像（パラオ国旗：水色地に黄色の円）を描画してください。

演習2
以下のような画像（フランス国旗：左から青→白→赤）を描画してください。

演習3
以下のような画像（ドイツ国旗：上から黒→赤→黄）を描画してください。

演習4
以下のような画像（花札の坊主）を描画してください。

演習5

以下のようなテキストを描画してください。

解答例

演習1

noStroke関数で線を描画しない設定にしています。その後水色に設定して全体を矩形で塗りつぶし、黄色に設定して中心に円を描画しています。①色の設定を行って、②描画する、この順番に注意してください。

● 2_1_palau/sketch.js

```
function setup() {
  createCanvas(600, 400);
  noStroke();                    // 線を描かない
  fill(0, 153, 255);             // 水色
```

```
  rect(0, 0, 600, 400);              // 全体を矩形で描画
  fill(255, 255, 0);                 // 黄色
  ellipse(600 / 2, 400 / 2, 200);    // 中心に円
}
```

演習2

背景色を background(255) で白色にし、fill 関数で色を設定し、rect 関数で矩形を描画しています。

● 2_2_france/sketch.js

```
function setup() {
  createCanvas(600, 400);
  noStroke();
  background(255);            // 背景を白に
  fill(0,0,255);              // 青に設定
  rect(0,0,200,400);          // 左の矩形
  fill(255,0,0);              // 赤に設定
  rect(400,0,200,400);        // 右の矩形
}
```

演習3

fill 関数と rect 関数で3つの矩形を描画しています。

● 2_3_germany/sketch.js

```
function setup() {
  createCanvas(900, 600);
  noStroke();
  fill(0, 0, 0);             // 黒
  rect(0, 0, 900, 200);
  fill(255, 0, 0);           // 赤
  rect(0, 200, 900,200);
  fill(255, 255, 0);         // 黄
  rect(0, 400, 900,200);
}
```

演習4

fill 命令で値が1つの場合は、R、G、Bのすべてにその値を指定したことになります。つまり、0の場合は黒、255の場合は白となります。また noFill 関数を実行すると、以降の描画で塗りつぶしがされなくなります。strokeWeight 関数では輪郭線の太さを指定できます。これらの関数を使って周囲の枠を描画しています。

```
function setup() {
  createCanvas(250, 400);
  background(255, 0, 0);     // 背景を赤
  fill(255);                 // 白に設定
  circle(100, 110, 170);     // 月を描画
  fill(0);                   // 黒に設定
  circle(100, 500, 600);     // 地面を描画
  noFill();                  // 塗り潰しなし
  stroke(100, 0, 0);         // 線の色（暗い赤）
  strokeWeight(25);          // 線の太さ設定
  rect(0, 0, 250, 400);      // 周囲の枠を描画
}
```

演習5

text関数で文字を描画しています。文字列はシングルクォーテーション、もしくはダブルクォーテーションで囲むことに注意してください。textSize関数で文字の大きさを指定しています。また、textAlign関数を使って、text関数で指定された座標が文字列の中央にくるようにしています。

● 2_5_text/sketch.js

```
function setup() {
  createCanvas(400, 200);
  background(200);
  textSize(32);
  textAlign(CENTER, CENTER);
  fill(0);
  text('HelloWorld', 400 / 2, 200 / 2);
}
```

第3章　変数

変数は値の入れ物です。演算することで値を変更し、その内容を画面に反映させる、そんな操作に慣れてゆきましょう。

演習

演習1

以下の変数を使用します。xとyの値を変更しながら、以下の4つの矩形を描画してください。左上が赤、右上が緑、左下が青、右下が黄色とします。

```
let x = 100;
let y = 50;
let w = 200;
let h = 150;
```

演習2

画面の中央に円を描画してください。円は徐々に大きくなってゆき、大きさが400を超えると0に戻るものとします。円の大きさが一定の値を超えると0に戻るという処理は％演算子を使用します。

演習3

"Hello, p5.js!" という文字列を画面の左から右方向へスクロールさせてください。文字列の長さを求めるにはtextWidthという関数を使用して下さい。

◇textWidth(s)：ピクセル単位での長さを返す。
　s……文字列

解答例

演習1

4つの矩形をすべてrect(x, y, w, h)という命令で描画しています。xとyの値を変化させることで場所を移動させていることに注意してください。 x = x + 250 という命令はx += 250 と書くこともできます。どちらの書き方にも慣れておきましょう。

● 3_1_rect/sketch.js

```javascript
function setup() {
  let x = 100;
  let y = 50;
  let w = 200;
  let h = 150;
  createCanvas(600, 600);

  fill(255, 0, 0);
  rect(x, y, w, h);

  x = x + 250;
  fill(0, 255, 0);
  rect(x, y, w, h);

  y = y + 200;
  x = 100;
  fill(0, 0, 255);
  rect(x, y, w, h);

  x = x + 250;
  fill(255, 255, 0);
  rect(x, y, w, h);
}
```

演習2

setup関数は、最初に1度だけ実行されます。createCanvas関数で画面のサイズを指定しています。

draw関数は、繰り返し呼び出されます。都度background関数で背景をクリアし、diameter変数の値を1ずつ増やしています。％演算子を使って400で割った余りを計算しています。これにより円は大きくなってゆき、400を超えたら0に戻る、といった挙動が繰り返されます。

● 3_2_operator/sketch.js

```
let diameter = 50;

function setup() {
  createCanvas(400, 400);
}

function draw() {
  background(220);
  diameter = (diameter + 1) % 400;
  ellipse(width / 2, height / 2, diameter, diameter);
}
```

演習3

posX変数は文字列の左端の座標です。描画される文字列の幅をtextWidth関数で求めて、str_len変数に格納しています。文字の右端から描画が開始されるようにするため、text関数のX軸方向の座標値にposX - str_lenと指定しています。文字の左端が画面の右に切れたときにスクロールを再開するように（width + str_len）で割った余りを計算しています。

● 3_3_scroll/sketch.js

```
let posX = 0;
let msg = 'Hello, p5.js!'

function setup() {
  createCanvas(400, 200);
  textSize(32);
  fill(0, 102, 153);
}

function draw() {
  background(220);
  let str_len = textWidth(msg)
  text(msg, posX - str_len, height / 2);
  posX = (posX + 2) % (width + str_len);
}
```

第4章　予約済み関数とイベント

p5.jsではあらかじめ決められたルールに従って関数が呼び出されます。どんな関数がどのようなタイミングで呼び出されるかしっかり把握しましょう。また、マウス移動やキーの操作といった出来事はイベントと呼ばれます。インタラクティブなコンテンツを実装するには、イベントの処理が必須となります。

演習

演習1

mousePressed関数を使って、マウスでクリックしたときに円が描画されるようにして下さい。また、mouseのY座標によって円の色が変化するようにして下さい。

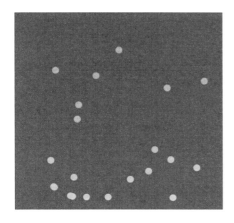

演習2

mouseMoved関数を使って、マウスを動かしたときに円が描画されるようにして下さい。また、mouseのX座標によって円の色が変化するようにして下さい。

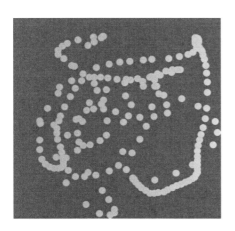

演習3

keyPressed関数を使って、キーが押された時に数字の12345が54321になるプログラムを書いて下さい。

解答例

演習1

マウスがクリックされるたびに円を描画し、円の色をマウスのY座標に基づいて変化させています。①の部分では、円の塗りつぶしの色を指定しています。マウスのY座標をキャンバスの高さで割り、0から1の範囲に正規化しています。そして、255を乗算して0から255の範囲に変換しています。これにより、マウスのY座標によって円の色が変化します。

● 4_1_mousePressed/sketch.js

```
function setup() {
  createCanvas(300,300);
  noStroke();
  background(100);
}


function mousePressed(){
  fill(mouseY / height * 255,200,200);//①
  ellipse(mouseX, mouseY, 10, 10);
}
```

演習3

マウスが移動するたびに円を描画し、円の色をマウスのX座標に基づいて変化させます。①の部分で、マウスのX座標をキャンバスの幅で割り、0から1の範囲に変換しています。そして、255を乗算して0から255の範囲に変換しています。これにより、マウスのX座標によって円の色が変化します。

●4_2_mouseMoved/sketch.js

```
function setup() {
  createCanvas(300,300);
  noStroke();
  background(100);
}


function mouseMoved(){
  fill(mouseX / width * 255,200,200);//①
  ellipse(mouseX, mouseY, 10, 10);
}
```

演習3

number変数は、最初に表示している絵文字を保持しており、初期値として12345
が設定されています。keyPressed()関数により、キーボードのキーが押されるとnumber変数の値
が54321に変更されます。

●4_3_keyPressed /sketch.js

```
let number = "12345";
function setup() {
  createCanvas(500, 500);
  textAlign(CENTER, CENTER);
}
function draw() {
  background(0, 0, 40);
  fill(255);
  textSize(50);
  text(number, width / 2, height / 2);
}
function keyPressed() {
  number = "54321";
}
```

第5章　押さえておきたい知識

以降のプログラミングで利用する三角関数やmap関数などを押さえておきましょう。

演習

演習1

HSBの色相環を描画してください。

HSBなのでcolorModeを設定します。draw関数では角度を変化させながら、sinとcosを使って座標を求めて、その座標に円を描画します。その時に角度に応じて色を変化させると色相環が描画できます。

演習2

マウスの場所に円を描画します。mouseXの値に応じて円のサイズを変更します（画面左端で20、右端で200）。mouseYの値に応じて色を変更します（上端で赤、下端で黒）。変換にはmap関数を使ってください。

演習3

マウスがクリックされたら、その場所の色（RGB）をブラウザのコンソールに出力してください。

演習4

画面にp5.jsという文字をランダムな場所に描画してください。draw関数で画面をクリアせずに、描画した文字が残るようにしてください。

演習5

「X座標の値が100、Y座標の値がランダム」という点と「X座標の値が300、Y座標の値がランダム」という線を繰り返し描画してください。

解答例

演習1
setup関数でHSBにモードを指定しています。角度はframeCountを360で割った余りで求めています。これをラジアンに変換してsin, cos関数を使って円の座標を求め、fill関数で色を指定し、最後に円を描画しています。

● 5_1_HSB/sketch.js
```javascript
function setup() {
  createCanvas(500, 500);
  noStroke();
  colorMode(HSB)
}


function draw() {
  let degree = frameCount % 360
  let r = radians(degree)
  let x = sin(r) * 200 + width / 2;
  let y = cos(r) * 200 + height / 2;
  fill(degree, 100, 100);
  ellipse(x, y, 50);
}
```

map関数を使ってmouseXをサイズに、mouseYを色にマッピングしています。

● 5_2_map/sketch.js
```javascript
function setup() {
  createCanvas(400, 400);
}


function draw() {
  background(220);
  let s = map(mouseX, 0, width, 20, 200);
  let r = map(mouseY, 0, height, 255, 0);
  fill(r, 0, 0);
  ellipse(mouseX, mouseY, s);
}
```

演習3
マウスがクリックされるとmousePressed関数が呼び出されます。マウスの座標のピクセルをimg.get()で取得し、その値から赤、緑、青成分を取り出しています。コンソールへの出力はconsole.log関数

を使用します。

● 5_3_console/sketch.js

```
let img;

function preload() {
    img = loadImage('curry.jpg');
}


function setup() {
    createCanvas(windowWidth, windowHeight);
}
function draw() {
    image(img, 0, 0);
}
function mousePressed() {
    let c = img.get(mouseX, mouseY);
    console.log(red(c), green(c), blue(c));
}
```

演習4

setup関数は最初に1度実行されます。createCanvasでp5.jsが使用する領域を指定しています。引数にwindowWidth, windowHeightという予約済変数を使い、ブラウザの画面全体を指定しています。draw関数ではなく、setup関数の中でbackground関数を実行していることに注目してください。このようにすると、フレームを描画する都度背景がクリアされなくなるため、描画した内容はそのまま残ります。文字が重ねて描画される効果を演出できます。

● 5_4_randomtext/sketch.js

```
function setup() {
  createCanvas(windowWidth, windowHeight);
  background(255);
  textSize(50);
  fill(200, 0, 100);
}


function draw() {
  text("p5.js", random(width), random(height));
}
```

演習5

演習4と同じようにdraw関数の中で背景をクリアしていないので、線が重ねて描画されていきます。x座標を固定して、y座標を乱数で指定して線を描画しているだけですが、興味深い描画結果になっていると思います。

●5_5_randomline/sketch.js

```javascript
function setup() {
  createCanvas(400, 400);
  background(0, 0, 40);
  stroke(0, 255, 246);
}

function draw() {
  let x1 = 100;
  let x2 = 300;
  line(x1, random(height), x2, random(height));
}
```

第6章　if文

if文は条件に応じて処理を切り替えます。for文とならんで最も使用される頻度の高い命令です。しっかりとマスターしましょう。

演習

演習1

マウスが画面左半分にある時は青の正方形を、右半分にある時は赤の円を描画してください。

マウスが左半分

マウスが右半分

演習2

マウスが画面左上にある時は円、右上は正方形、左下は△、右下は直線を描画してください。

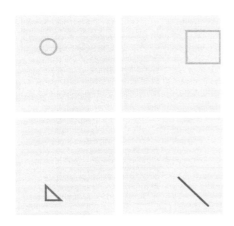

演習3

円が色を変えながら左から右端へ移動する動作を繰り返してください。背景をクリアしないので棒が伸びて行くように見えます。右端で折り返すときに画面をクリアしてください。

演習4

上下左右キーの押下で円を移動させてください。円は場所に応じて色を変化させるものとします。

上下左右キーの判定は以下のようにkeyIsDown関数を使用してください。

```
if (keyIsDown(LEFT_ARROW)) { ...
if (keyIsDown(RIGHT_ARROW)) { ...
if (keyIsDown(UP_ARROW)) { ...
if (keyIsDown(DOWN_ARROW)) { ...
```

演習5

マウスの場所に円を描画します。Rキーが押下されたら赤に、Gキーで緑、Bキーで青にと、キーの押下に応じて色が変化するようにしてください。キーの押下はkeyPressed関数で検出できます。どのキーが押下されたかは定義済変数keyの値をみることで判定できます。

演習6

マウスが押されているときだけマウスの位置に円を描画してください。マウスの押下状態は定義済変数 mouseIsPressed を参照します。

演習7

三項演算子を使って演習1と同じコンテンツを作成してください。

解答例

演習1

draw関数の中でmouseXの値がwidth/2より大きいか調べています。条件が成立したときは赤の円を、しなかったときは青の矩形を描画しています。

● 6_1_mouse/sketch.js

```javascript
function setup() {
  createCanvas(400, 400);
}

function draw() {
  background(220);

  if (mouseX > width / 2) {
    fill(255, 0, 0);
    ellipse(mouseX, mouseY, 50);
  } else {
    fill(0, 0, 255);
    rect(mouseX, mouseY, 50, 50);
  }
}
```

演習2

複数の条件を同時に満たすときには&&、どちらかを満たすときには|| という演算子を使用します。今回はX座標とY座標の組み合わせ4パターンをif…elseを使って場合分けをしています。

● 6_2_else/sketch.js

```javascript
function setup() {
  createCanvas(500, 500);
  colorMode(HSB, 360, 100, 100, 100);
  noFill();
}

function draw() {
  background(0, 0, 90);
  let x = mouseX,  y = mouseY;
  let s = map(x, 0, width, 20, 200);
```

```
  let c = map(y, 0, height, 0, 360);

  stroke(c, 80, 80, 80);
  strokeWeight(10);

  if (x < width / 2 && y < height / 2) {
    ellipse(x, y, s, s);
  } else if (x >= width / 2 && y < height / 2) {
    rect(x - s / 2, y - s / 2, s, s);
  } else if (x < width / 2 && y >= height / 2) {
    triangle(x, y, x + s, y, x, y - s);
  } else {
    line(x - s/2, y - s/2, x + s/2, y + s/2);
  }
}
```

演習3

setupではHSBのカラーモードに設定しています。現在のx座標をx変数で管理しています。xの値は0〜widthの範囲で変化しますが、map関数を使ってその値を0〜255の範囲に変換しています。xの値は都度3ずつ増加させ、その値がwidthより大きくなったときに、0に戻すと同時に背景をクリアしています。

●6_3_map/sketch.js
```
let x = 0;
function setup() {
  createCanvas(600, 500);
  colorMode(HSB);
  background(0,0,100);
  noStroke();
}
function draw() {
  let fillColor = color(map(x, 0, width, 0, 255), 100,100);
  fill(fillColor);
  ellipse(x, 250, 30);
  x +=3;
  if (x > width) {
    x = 0;
    background(0,0,100);
  }
}
```

演習4

circleX変数、circleY変数が円の座標です。その値に応じてhueX変数, hueY変数の値をmap関数で求めて色を指定しています。あとはif文を使ってどのキーが押下されているか判定し、その結果に応じて座標を移動しています。

●6_4_keyIsDown/sketch.js

```javascript
let circleX = 200;
let circleY = 200;
let moveSpeed = 5;

function setup() {
  createCanvas(400, 400);
  noStroke();
  colorMode(HSB);
}

function draw() {
  background(220);
  let hueX = map(circleX, 0, width, 0, 360);
  let hueY = map(circleY, 0, height, 0, 360);
  fill((hueX + hueY) / 2, 100, 100);
  if (keyIsDown(LEFT_ARROW)) {
    circleX -= moveSpeed;
  }
  if (keyIsDown(RIGHT_ARROW)) {
    circleX += moveSpeed;
  }
  if (keyIsDown(UP_ARROW)) {
    circleY -= moveSpeed;
  }
  if (keyIsDown(DOWN_ARROW)) {
    circleY += moveSpeed;
  }
  ellipse(circleX, circleY, 50, 50);
}
```

演習5

キーが押下されるとkeyPressed関数が呼び出されます。どのキーが押下されたかは定義済変数keyの値でわかります。if文を使って、RGBのいずれかのキーが押されたときにfill関数で色を設定しています。

●6_5_keyPressed/sketch.js

```javascript
function setup() {
  createCanvas(500, 500);
  noStroke();
  background(255);
  fill(0);
}

function draw() {
  ellipse(mouseX,mouseY, 10);
}

function keyPressed() {
  if (key === 'r') {
    fill(255, 0, 0);
  } else if (key === 'g') {
    fill(0, 255, 0);
  } else if (key === 'b') {
    fill(0, 0, 255);
  }
}
```

演習6

draw関数の中でmouseIsPressed変数の値がtrueの時にマウスの場所に円を描画しています。

●6_6_mouseIsPressed/sketch.js

```javascript
function setup() {
  createCanvas(300,300);
  noStroke();
  background(100);
}

function draw(){
  if(mouseIsPressed){
    ellipse(mouseX, mouseY, 10);
  }
}
```

演習7

"条件？成立時の値：非成立時の値"という三項演算子にも慣れておきましょう。

●6_7_ternary/sketch.js

```javascript
function setup() {
  createCanvas(400, 400);
  noStroke();
}

function draw() {
  background(220);
  let c = mouseX > width / 2 ? color(255,0,0) :color(0,0,255);
  fill(c);
  ellipse(mouseX, mouseY, 50, 50);
}
```

第7章　for文

for文は繰り返し処理を行います。繰り返しはコンピュータが最も得意な処理です。

演習

演習1

カラフルな円をランダムな場所に、ランダムな個数配置してください。繰り返す回数をrandom関数で指定します。

演習2

グラデーションを描画してください。色を変えながら小さな矩形をたくさん描画することでグラデーション効果を演出します。縦横二重のfor文を使うのがポイントです。

演習3

色相環を描画してください。5度ずつ回転させながら72回繰り返して、360°分1回転させます。カラーモードをHSBに指定し、fillの最初の引数で色相を指定します。座標はsin、cos関数をつかって求めてください。

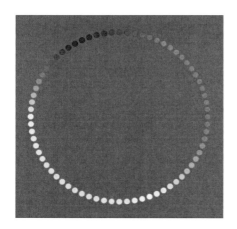

解答例

演習1

円の個数も乱数で求めています。fill関数で赤（R）、緑（G）、青（B）、透明度（A）のすべての値をランダムに設定し、ランダムな位置に円を描画しています。

● 7_1_circles/sketch.js

```
function setup() {
  createCanvas(500, 500);
  background(255, 255, 230);
  noStroke();
```

```
    let numCircles = floor(random(5, 105));
    for (let i = 0; i < numCircles; i++) {
      fill(random(255), random(255), random(255), random(100));
      ellipse(random(width), random(height), random(10, 100));
    }
  }
```

演習2

for文の二重ループです。外側がy軸方向で25回繰り返します。内側がx軸方向で25回繰り返します。よって、ループ処理は25×25＝625回繰り返されることになります。x変数とy変数を使って色を指定し、座標を変えながら幅20、高さ20の矩形を描画しています。

● 7_2_gradation/sketch.js

```
function setup() {
  createCanvas(500, 500);
  noStroke();
  for (let y = 0; y < 25; y++) {
    for (let x = 0; x < 25; x++) {
      fill(x * 10, y * 10, 125);
      rect(x * 20, y * 20, 20, 20);
    }
  }
}
```

演習3

for文を使って角度angを0〜360まで、5度ずつ変化させています。ループ処理の中では、角度からラジアンの値を求め、ラジアンの値をsin、cos関数に渡して座標を求めています。

● 7_3_radius/sketch.js

```
function setup() {
  createCanvas(400, 400);
  background(100);
  colorMode(HSB);
  noStroke();
  let radius = 150;
  for (let ang = 0; ang <= 360; ang += 5) {
    let rad = radians(ang);
    let x = width / 2 + radius * cos(rad);
    let y = height / 2 + radius * sin(rad);
    fill(ang, 100, 100);
```

```
    ellipse(x, y, 10);
  }
}
```

第8章　座標系変換

for文は繰り返し処理を行います。繰り返しはコンピュータが最も得意な処理です。

演習

演習1

色を変えながら渦巻き状に小さな矩形を配置してください。translate関数で画面の中央を原点に設定します。for文で角度を変えながら、矩形を移動しながら描画していきます。

演習2

いろいろな図形を回転させてください。

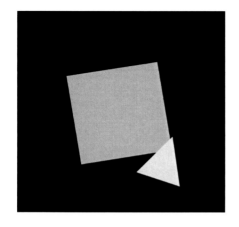

演習 3

渦巻き風に回転するコンテンツを作成してください。中心から離れるにつれ色を変えたり、線の太さを変えたりすると面白い効果が演出できます。

解答例

演習 1

translateで画面の中央を原点に設定しています。for文で360回繰り返しています。ループ処理ではpushとpop関数を使って座標系の保存、復元を行っています。rotateで座標系を回転させ、座標をずらしながら矩形を描画しています。

● 8_1_translate/sketch.js

```javascript
function setup() {
  createCanvas(800, 800);
  colorMode(HSB, 360, 100, 100);
  background(0, 0, 100);
  strokeWeight(3);
  let angle = 20;
  translate(width / 2, height / 2);

  for (let i = 0; i < 360; i++) {
    stroke(i, 100, 100);
    push();
    rotate(radians(i * angle));
    rect(i * 3, 0, 10);
    pop();
  }
}
```

演習2

それぞれの図形について、push関数で座標系を保存、translate関数で原点を移動し、rotate関数で座標系を回転して、図形を描画し、pop関数で元に戻す、という処理を行っています。

● 8_2_rotate/sketch.js

```
let angle = 0;
function setup() {
  createCanvas(500, 500);
}
function draw() {
  background(0, 0, 40);
  angle += 0.01;
  noStroke();

  push();
  fill(0, 200, 200);
  translate(250, 250);
  rotate(angle);
  rect(-100, -100, 200, 200);
  pop();

  push();
  fill(100, 255, 100);
  translate(350, 350);
  rotate(-angle * 2);
  triangle(-50, -50, 50, -50, 0, 50);
  pop();
}
```

演習3

画面の中心に原点を移動して、回転させながら直線を描画しています。線の色と座標を変えて、残像が浮かび上がるような渦巻きを描画しています。回転角を徐々に増やすことで回転するような効果を演出しています。

● 8_3_angle/sketch.js

```
let angle = 45;
function setup() {
  createCanvas(500, 500);
  colorMode(HSB, 100);
  background(255);
```

```
}

function draw() {
  background(255, 10);
  translate(width / 2, height / 2);
  for (let i = 0; i < 100; i++) {
    stroke(i, 100, 100);
    push();
    rotate(radians(i * angle));
    line(i * 5, 0, i * 5 + 100, 0);
    pop();
  }
  angle += 0.01;
}
```

第9章　データ構造基礎（配列・オブジェクト）

配列やオブジェクトをマスターすることで、複数のデータをまとめて管理することができます。

演習

演習1
for文を使い、333個のランダムな位置とサイズの円を描画してください。色は以下のように配列を
作り、そこからランダムに選ばれるようにしてください。

```
let colors = ["#6096B4", "#93BFCF", "#BDCDD6", "#EEE9DA"];
```

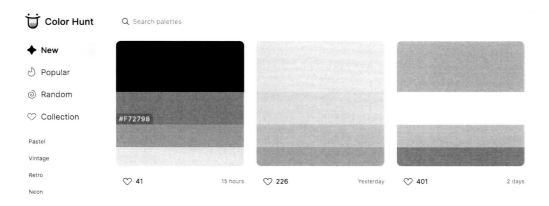

https://colorhunt.coへアクセスして好きなカラーコードを選び、使ってみてください。使いたい色
をクリックするとその色のカラーコードがコピーされるのでご自身のプログラムにペーストして下

さい。

●結果の例

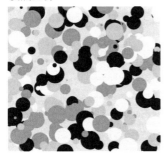 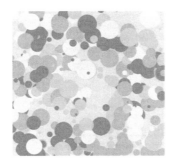 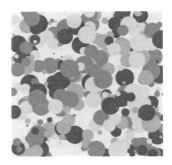

演習2

for文を使い、50個のランダムな位置とサイズの単語を描画してください。単語と文字色は以下のように配列を作り、そこからランダムに選ばれるようにしてください。文字色は https://colorhunt.co へアクセスして好きなカラーコードを選んでください。

参考

```
let words = ["Hello", "World", "P5.js", "Creative", "Coding"];
let colors = ["#6096B4", "#93BFCF", "#BDCDD6", "#EEE9DA"];
```

演習3

以下のオブジェクト情報を使って、for文を用いて円を250個表示してください。円の塗りつぶしは行わず、枠線にcolorの色を指定してください。

キー	値
x	random(width),
y	random(height)
radius	random(1,20)
speed	random(0.05, 0.1)
color	color(random(255),random(255), random(255))

演習4

9_03で作成した円を自由に動かしてください。円の大きさを変化させたり、ランダムな方向に円を移動したりしてみて下さい。

解答例

演習1

①の部分ではcolorsというリストを作成しています。②の部分でcolorsリストからランダムに1つの要素(色)を選択し、randomColor変数に代入しています。③の部分で塗りつぶす色を指定しています。

●9_1_colors/sketch.js

```
let colors = ["#6096B4", "#93BFCF", "#BDCDD6", "#EEE9DA"]; //①

function setup() {
  createCanvas(400, 400);
  noLoop();
  noStroke();

  background(220);
  for (let i = 0; i < 333; i++) {
    let x = random(width);
    let y = random(height);
    let diameter = random(50);
    let randomColor = random(colors);//②

    fill(randomColor);//③
    ellipse(x, y, diameter);
  }
```

```
  }
```

演習2

wordsリストからランダムな単語を選び、colorsリストからランダムな色を選んで描画しています。

● 9_2_words/sketch.js

```
let words = ["Hello", "World", "P5.js", "Creative", "Coding"];
let colors = ["#6096B4", "#93BFCF", "#BDCDD6", "#EEE9DA"];

function setup() {
  createCanvas(400, 200);
  background(0);
  for(let i = 0; i < 50; i++) {
    let randomColor = random(colors);
    let randomWord = random(words);
    textSize(random(30));
    let x = random(width);
    let y = random(height);
    fill(randomColor);
    text(randomWord, x, y);
  }
}
```

演習3

①の部分でcirclesという配列の宣言をしています。②の部分で250個の円のオブジェクトを作成しています。各円の座標、半径、色、速度などがランダムに設定されます。③のループで配列から円をとりだして描画しています。

● 9_3_circles/sketch.js

```
let circles = [];//①

function setup() {
  createCanvas(400, 400);
  noFill();
  circles = [];
  for (let i = 0; i < 250; i++) {//②
    circles[i] = {
      x: random(width),
      y: random(height),
      radius: random(1, 20),
```

```
      speed: random(0.05, 0.1),
      color: color(random(255), random(255), random(255))
    };
  }
}

function draw() {
  background(0);
  for (let i = 0; i < 250; i++) {//③
    stroke(circles[i].color);
    ellipse(circles[i].x, circles[i].y, circles[i].radius);
  }
}
```

演習4

①の部分でcurrentRadiusという変数を作成しています。各円の大きさを時間の経過に応じて変化させます。②の部分では各円の移動方向をランダムに変化させています。最後に、余りを求める剰余演算子％を使って、円がキャンバスの端に到達した場合円をキャンバス内に戻しています。

● 9_4_radius/sketch.js
```
let circles = [];

function setup() {
  createCanvas(400, 400);
  noFill();
  circles = [];
  for (let i = 0; i < 250; i++) {
    circles[i] = {
      x: random(width),
      y: random(height),
      radius: random(1,20),
      speed: random(0.05, 0.1),
      angle: random(TWO_PI),
      color: color(random(255), random(255), random(255))
    };
  }
}

function draw() {
  background(0);
```

```
  for (let i = 0; i < 250; i++) {
    stroke(circles[i].color);
    let currentRadius = circles[i].radius + cos(frameCount * circles[i].speed) *
20;//①
    ellipse(circles[i].x, circles[i].y, currentRadius);
    circles[i].x += cos(circles[i].angle)
    circles[i].y += sin(circles[i].angle)
    circles[i].angle += random(-0.1, 0.1);//②
    circles[i].x = (circles[i].x + width) % width;
    circles[i].y = (circles[i].y + height) % height;
  }
}
```

第10章　データ構造応用（配列・オブジェクト）

配列やオブジェクトの概念を応用してコーディングに取り組んでみましょう。

演習

演習1

マウスをクリックするたびに円が描画されるプログラムを作成してください。let circles = []; という名前の空の配列を用意し mouseClicked()関数内で以下のオブジェクト情報を含む新しい円を circles 配列に追加して下さい。

キー	値
x	mouseX
y	mouseY
color	color(random(255),random(255), random(255))

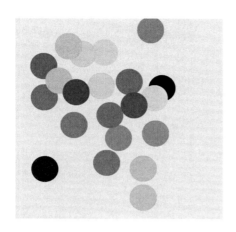

演習2

演習1で作成したプログラムをfor…ofを使って書き直して下さい。

演習3

手前に向かって円が伸びてくるようなアニメーションを作成してください。5フレームごとに以下のオブジェクト情報を含む新しい円を作成して下さい。

キー	値
x	200
y	200
r(HSBの色相)	random(360)
c(円の直径)	0

点の半径cはdrawで描画するたびに、c++で1ずつ増やします。50以上になった場合に、splice()関数を使用して配列から削除するような条件式を書いて下さい。

解答例

演習1

マウスをクリックするたびに、新しい円のオブジェクトが作成され circles 配列に格納されます。①の部分で、i<circles.length とすることで配列の要素数が変動してもその数だけ繰り返し処理が行われます。

●10_1_mouseClicked/sketch.js

```
let circles = [];

function setup() {
  createCanvas(400, 400);
}

function draw() {
  background(220);
  for (let i = 0; i < circles.length; i++) {//①
    let circle = circles[i];
    fill(circle.color);
    noStroke();
    ellipse(circle.x, circle.y, 50);
  }
}

function mouseClicked() {
  let circle = {
    x: mouseX,
    y: mouseY,
    color: color(random(255), random(255), random(255)),
  };
  circles.push(circle);
}
```

演習2

①の部分では for of を使用して配列から要素を順番に取り出しています。このように記述することで、配列の長さや繰り返し回数を意識しなくてすむようになります。

●10_2_for/sketch.js

```
let circles = [];

function setup() {
```

```
  createCanvas(400, 400);
}

function draw() {
  background(220);
  for (let circle of circles) {//①
    fill(circle.color);
    noStroke();
    ellipse(circle.x, circle.y, 50);
  }
}

function mouseClicked() {
  let circle = {
    x: mouseX,
    y: mouseY,
    color: color(random(255), random(255), random(255)),
  };
  circles.push(circle);
}
```

演習3

①の部分で、フレーム数が5の倍数のときにのみ新しい円を追加しています。②ではリストから個々のオブジェクトを取り出して移動と描画を行います。③の部分では、円の直径が50以上になった場合、dots配列から円を削除しています。

●10_3_dots/sketch.js

```
let dots = [];

function setup() {
  createCanvas(400, 400);
  noStroke();
}

function draw() {
  colorMode(RGB);
  fill(0, 0, 0, 20);
  rect(0, 0, 400, 400);
  colorMode(HSB);
```

```
  if (frameCount % 5 == 0) {//①
    let newDot = {
      x: 200,
      y: 200,
      r: random(0, 360),
      c: 0,
    };
    dots.push(newDot);
  }

  for (let i = 0; i < dots.length; i++) {//②
    let d = dots[i];
    let alpha = map(d.c, 0, 50, 255, 0);
    fill(d.r, 255, alpha);
    ellipse(d.x, d.y, d.c, d.c);

    d.x += cos(radians(d.r)) * 5;
    d.y += sin(radians(d.r)) * 5;
    d.c++;

    if (d.c >= 50) {//③
      dots.splice(i, 1);
      i--;
    }
  }
}
```

第11章　関数

関数を自分で定義し、任意の処理を呼び出せるようになりましょう。

演習

演習1

キャンバスを4つに分割し、それぞれ異なる動きをする円を描画して下さい。各エリアの作成は以下のプログラムを参考にして下さい。

```
function draw() {
push();
  scale(1 / 2, 1 / 2);
  translate(0, 0);
```

```
    area1();
    pop();
function area1() {
}
```

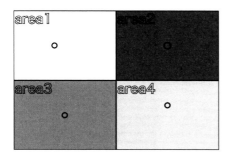

演習2

以下のプログラムをいくつかの関数に分けて、構造を整理して下さい。

```
let circles = [];

function setup() {
  createCanvas(800, 600);
  noStroke();
  for (let i = 0; i < 50; i++) {
    let circle = {
      x: width / 2,
      y: height / 2,
      radius: 8 + random(12),
      hue: random(360),
      saturation: random(30, 70),
      brightness: random(50, 90),
      angleX: random(TWO_PI),
      angleY: random(TWO_PI),
      angleSpeedX: random(0.005, 0.03),
      angleSpeedY: random(0.005, 0.03),
    };
    circles.push(circle);
  }
}

function draw() {
```

```
    background(10, 10, 30, 10);

    for (let i = 0; i < circles.length; i++) {
      let circle = circles[i];

      circle.x = width / 2 + cos(circle.angleX) * 250;
      circle.y = height / 2 + sin(circle.angleY) * 250;

      fill(circle.hue, circle.saturation, circle.brightness);
      ellipse(circle.x, circle.y, circle.radius * 2, circle.radius * 2);

      circle.angleX += circle.angleSpeedX;
      circle.angleY += circle.angleSpeedY;
    }
}
```

使用する関数は以下を参考にして下さい。

```
function createRandomCircle() {
//各円の位置、半径、色、動きを設定
}
function updateCircle(circle) {
//円の座標を更新}
function drawCircle(circle) {
//円を描画
}
```

●実行結果

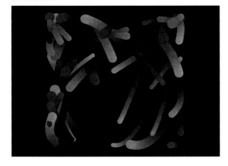

演習3
以下のプログラムを参考にして、2つの数値を受け取り、その合計を円の大きさとして表示する関

数を作成して下さい。

```
function setup() {
  createCanvas(500, 500);
  let result = sum(10, 3); // この行で関数sum()を呼び出しています
  let diameter = result * 20;
  background(220);
  noStroke();
  fill(255, 0, 0);
  ellipse(width / 2, height / 2, diameter, diameter);
}

function sum(a, b) {
  // ここに、2つの数値aとbの合計を計算して返すコードを書いてください
}
```

演習4

ランダムな位置と大きさの楕円を50個描画し、その色を決定して返す自作関数を作って下さい。

解答例

演習1

キャンバスを4つのエリア (area1(), area2(), area3(), area4()) に分け、各エリアの描画を分離して管理しています。それぞれの領域で座標系変換を行うことで、自分のエリアがどこか意識しないで済むようになっています。

● 11_1_area/sketch.js

```javascript
let angle = 0;

function setup() {
  createCanvas(1000, 700);
  strokeWeight(10);
  stroke(0);
  textSize(130);
}
function draw() {
  push();
  scale(1 / 2, 1 / 2);
  translate(0, 0);
  area1();
  pop();

  push();
  scale(1 / 2, 1 / 2);
  translate(width, 0);
  area2();
  pop();
```

```
  push();
  scale(1 / 2, 1 / 2);
  translate(0, height);
  area3();
  pop();

  push();
  scale(1 / 2, 1 / 2);
  translate(width, height);
  area4();
  pop();

  angle += 0.05;
}

function area1() {
  fill(255);
  rect(0, 0, width, height);
  let x1 = width / 2 + cos(angle) * 100;
  let y1 = height / 2 + sin(angle) * 100;
  ellipse(x1, y1, 50);
  text("area1", 10, 130);
}

function area2() {
  fill(0, 0, 255);
  rect(0, 0, width, height);
  let x2 = width / 2;
  let y2 = height / 2;
  let size2 = 50;
  size2 = map(sin(angle), -1, 1, 30, 100);
  ellipse(x2, y2, size2);
  text("area2", 10, 130);
}

function area3() {
  fill(255, 0, 255);
  rect(0, 0, width, height);
  let x3 = width / 2 + sin(angle) * 100;
  let y3 = height / 2;
  ellipse(x3, y3, 50);
```

```
    text("area3", 10, 130);
}

function area4() {
  fill(255, 255, 0);
  rect(0, 0, width, height);
  let x4 = width / 2;
  let y4 = height / 2 + cos(angle) * 100;
  ellipse(x4, y4, 50);
  text("area4", 10, 130);
}
```

演習2

このように機能ごとに自作関数を作って分離したことで、特定の機能を変更する際に他の部分に影響を与える可能性が低くなります。例えば、円の描画方法を変更する場合、drawCircle()関数だけを変更すればよく、他の関数に影響を与える必要がありません。

● 11_2_circle/sketch.js

```
let circles = [];

function setup() {
  createCanvas(800, 600);
  noStroke();
  for (let i = 0; i < 50; i++) {
    createRandomCircle();
  }
}

function draw() {
  background(10, 10, 30, 10);
  for (let circle of circles) {
    updateCircle(circle);
    drawCircle(circle);
  }
}

function createRandomCircle() {
  let circle = {
    x: width / 2,
    y: height / 2,
```

```
    radius: 8 + random(12),
    hue: random(360),
    saturation: random(30, 70),
    brightness: random(50, 90),
    angleX: random(TWO_PI),
    angleY: random(TWO_PI),
    angleSpeedX: random(0.005, 0.03),
    angleSpeedY: random(0.005, 0.03),
  };
  circles.push(circle);
}

function updateCircle(circle) {
  circle.x = width / 2 + cos(circle.angleX) * 250;
  circle.y = height / 2 + sin(circle.angleY) * 250;
  circle.angleX += circle.angleSpeedX;
  circle.angleY += circle.angleSpeedY;
}

function drawCircle(circle) {
  fill(circle.hue, circle.saturation, circle.brightness);
  ellipse(circle.x, circle.y, circle.radius * 2, circle.radius * 2);
}
```

演習3

sum()関数は、2つの引数aとbの和を計算して返します。この関数はsetup()関数内で呼び出され、円の直径を計算するために使用されます。

● 11_3_sum/sketch.js

```
function setup() {
  createCanvas(500, 500);
  let result = sum(10, 3);
  let diameter = result * 20;
  background(220);
  noStroke();
  fill(255, 0, 0);
  ellipse(width / 2, height / 2, diameter, diameter);
}

function sum(a, b) {
```

```
    return a + b;
  }
```

演習4

getRandomColor()関数では、ランダムな色を生成してcolor()関数で色を返します。これにより、50個の円がランダムな色で描画されます。

● 11_4_color/sketch.js

```
function setup() {
  createCanvas(400, 400);
  noStroke();
  for (let i = 0; i < 50; i++) {
    let randomColor = getRandomColor();
    let x = random(width);
    let y = random(height);
    let radius = random(10, 50);
    fill(randomColor);
    ellipse(x, y, radius * 2, radius * 2);
  }
}

function getRandomColor() {
  let hue = random(360);
  let saturation = random(30, 100);
  let brightness = random(50, 100);
  return color(hue, saturation, brightness);
}
```

第12章　クラス

実際に手を動かしながら、クラスを使用してオブジェクトを作成することで、その概念をより深く理解していきましょう。

演習

演習1

ランダムな位置に出現し、時間の経過とともに円のradiusが大きくなっていくプログラムを作成します。以下のプログラムのGrowingCircleクラスの中身を書き足して下さい。このクラスは、次のプロパティとメソッドを持つ必要があります。

- プロパティ:
  - position: 円の中心のx座標とy座標を表す値。
  - radius: 円の半径を表す値。
  - col: 円の色を表す値。
- メソッド:
  - constructor(x, y, radius, col): 円を初期化するメソッド。
  - update(): 円の半径を増やして成長させるメソッド。
  - display(): 円を描画するメソッド。

```javascript
let circles = [];
let colors = ["#3081D0", "#FFF5C2", "#F4F27E", "#6DB9EF"];

function setup() {
  createCanvas(400, 400);
  noStroke();
}

function draw() {
  background(250, 30);

  for (let i = 0; i < circles.length; i++) {
    circles[i].update();
    circles[i].display();
  }

  circles = circles.filter(circle => circle.radius > 1);

  if (random() > 0.97) {
    let x = random(width);
    let y = random(height);
    let col = color(random(colors));
    let radius = 5;
    circles.push(new GrowingCircle(x, y, radius, col));
  }
}

class GrowingCircle {
 //書き足して下さい
}
```

演習2

以下のプログラムを、クラスを使って書き換えて下さい。

```
let particles = [];

function setup() {
  createCanvas(windowWidth, windowHeight);
  noStroke();
}

function draw() {
  background(0);
  if (mouseIsPressed) {
    for (let i = 0; i < 3; i++) {
      let x = mouseX;
      let y = mouseY;
      let velocity = createVector(random(-3, 3), random(-5, -10));
      velocity.mult(random(1, 5));
      let color = [random(255), random(200, 255), 255];
      let lifetime = 100;
      particles.push({ x, y, velocity, color, lifetime });
    }
  }

  for (let particle of particles) {
    particle.x += particle.velocity.x;
    particle.y += particle.velocity.y;
    particle.velocity.y++;
```

```
    particle.lifetime--;
    fill(particle.color);
    circle(particle.x, particle.y, random(20));
  }

  particles = particles.filter(particle => particle.lifetime > 0);
}
```

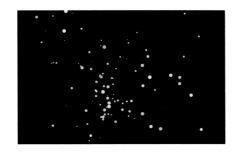

演習3

以下のプログラムを、クラスを使って書き換えて下さい。

```
let particles = [];

function setup() {
  createCanvas(windowWidth, windowHeight);
  stroke(255, 10);
  noFill();
  rectMode(CENTER);
}

function draw() {
  background(0, 20);
  if (mouseIsPressed) {
    for (let i = 0; i < 10; i++) {
      let x = mouseX;
      let y = mouseY;
      let speed = random(0.1, 5);
      let velocity = createVector(random(-1, 1), random(-1, 1));
      let rotation = random(TWO_PI);
      let rotateSpeed = random(-0.001, 0.005);
```

```
      let size = random(1, 70);
      let lifetime = random(100, 150);
      particles.push({ x, y, speed, velocity, rotation, rotateSpeed, size,
lifetime });
    }
  }

  for (let particle of particles) {
    particle.rotation += particle.rotateSpeed;
    particle.speed = particle.speed * 0.995;
    particle.x += particle.speed * cos(particle.rotation);
    particle.y += particle.speed * sin(particle.rotation);
    particle.size *= 0.995;
    particle.lifetime--;

    rect(particle.x, particle.y, particle.size, particle.size);
  }

  particles = particles.filter(particle => particle.lifetime > 0);
}
```

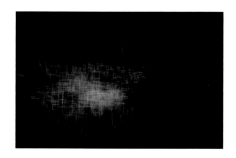

解答例

演習1

①の部分はクラスのコンストラクタで、新しいGrowingCircleオブジェクトを作成しています。②の部分は、円の半径を増加させるメソッドです。③の部分は、円を描画するメソッドです。

● 12_1_expanding/sketch.js

```
let circles = [];
let colors = ["#3081D0", "#FFF5C2", "#F4F27E", "#6DB9EF"];


function setup() {
```

```
  createCanvas(400, 400);
  noStroke();
}

function draw() {
  background(250, 30);

  for (let i = 0; i < circles.length; i++) {
    circles[i].update();
    circles[i].display();
  }

  circles = circles.filter(circle => circle.radius < 150);

  if (random() > 0.97) {
    let x = random(width);
    let y = random(height);
    let col = color(random(colors));
    let radius = 5;
    circles.push(new GrowingCircle(x, y, radius, col));
  }
}

class GrowingCircle {
  constructor(x, y, radius, col) {//①
    this.position = createVector(x, y);
    this.radius = radius;
    this.col = col;
  }

  update() {//②
    this.radius += 0.5;
  }

  display() {//③
    fill(this.col);
    ellipse(this.position.x, this.position.y, this.radius * 2, this.radius * 2);
  }
}
```

演習2

①の部分はクラスのコンストラクタで、新しいParticleオブジェクトを作成しています。②の部分は、パーティクルを移動させるためのメソッドです。パーティクルの位置 (this.position) に速度 (this.velocity) を加算し、移動させています。また、重力の影響で下向きに加速させ寿命を減少させています。③の部分はパーティクルを描画するためのメソッドです。

● 12_2_particle/sketch.js

```javascript
let particles = [];

function setup() {
  createCanvas(windowWidth, windowHeight);
  noStroke();
}

function draw() {
  background(0);
  for (let particle of particles) {
    particle.move();
    particle.draw();
  }

  particles = particles.filter(particle => particle.lifetime > 0);

  if (mouseIsPressed) {
    for (let i = 0; i < 3; i++) {
      particles.push(new Particle(mouseX, mouseY));
    }
  }
}

class Particle {
  constructor(x, y) {//①
    this.position = createVector(x, y);
    this.velocity = createVector(random(-3, 3), random(-5, -10));
    this.velocity.mult(random(1, 5));
    this.color = [random(255), random(200, 255), 255];
    this.lifetime = 100;
  }

  move() {//②
    this.position.add(this.velocity);
```

```
    this.velocity.y++;
    this.lifetime--;
  }

  draw() {//③
    fill(this.color);
    ellipse(this.position.x, this.position.y, random(20));
  }
}
```

演習3

①の部分はクラスのコンストラクタで、新しいParticleオブジェクトを作成しています。パーティクルの初期位置、速度、回転、サイズ、寿命などのプロパティを設定しています。②の部分はパーティクルを移動させるためのメソッドです。パーティクルの位置、速度、回転、サイズ、寿命を更新しています。③の部分はパーティクルを描画するためのメソッドです。

● 12_3_rects/sketch.js

```
let particles = [];

function setup() {
  createCanvas(windowWidth, windowHeight);
  stroke(255, 10);
  noFill();
  rectMode(CENTER);
}

function draw() {
  background(0, 20);
  if (mouseIsPressed) {
    for (let i = 0; i < 10; i++) {
      particles.push(new Particle(mouseX, mouseY));
    }
  }

  for (let particle of particles) {
    particle.move();
    particle.draw();
  }
  particles = particles.filter(particle => particle.lifetime > 0);
```

```
}

class Particle {
  constructor(x, y) {//①
    this.position = createVector(x, y);
    this.speed = random(0.1, 5);
    this.velocity = createVector(random(-1, 1), random(-1, 1));
    this.rotation = random(TWO_PI);
    this.rotateSpeed = random(-0.001, 0.005);
    this.size = random(1, 70);
    this.lifetime = random(100, 150);
  }

  move() {//②
    this.rotation += this.rotateSpeed;
    this.velocity.x = this.speed * cos(this.rotation);
    this.velocity.y = this.speed * sin(this.rotation);
    this.position.add(this.velocity);
    this.size *= 0.995;
    this.lifetime--;
  }

  draw() {//③
    rect(this.position.x, this.position.y, this.size, this.size);
  }
}
```

第13章　パーリンノイズ

演習を通してパーリンノイズを使ったランダムかつ自然な表現を作ることに慣れていきましょう。

演習

演習1

以下のプログラムに、波の速度と波の振幅を調整するための2つのスライダーを設置して下さい。完成したら波形をリアルタイムで調整し、その変化を観察して下さい。

```
let yOffset = 0;

function setup() {
  createCanvas(1000, 500);
```

```
    strokeWeight(2);
    stroke(0, 0, 200);
    noFill();
}

function draw() {
  let waveHeight = 300;
  let waveFrequency = 0.02;
  let waveAmplitude = 50;
  let waveSpeed = 0.03;
  background(255);

  beginShape();
  for (let x = 0; x < width; x += 5) {
    let noiseValue = noise(x * 0.01, yOffset);
    let y =
      waveAmplitude * sin(waveFrequency * x + yOffset) +
      waveHeight * noiseValue;
    vertex(x, height - y);
  }
  endShape();

  yOffset += waveSpeed;
}
```

演習2

noise関数にframeCount変数を使用した3つ目の引数を渡し、時間経過によって滑らかに色が移り変わる表現を作って下さい。

演習3

以下のプログラムの let radius = 100; という部分を noise を使って書き換え、見本のようなパターンを生成して下さい。

```
let colors = ["#393E46", "#00ADB5", "#EEEEEE"];
let pos = [];

function setup() {
  createCanvas(400, 400);
  for (let i = 0; i < 1000; i++) {
    pos[i] = { x: width / 2, y: height / 2 };
  }
  background("#222831");
}

function draw() {
  for (let i = 0; i < 1000; i++) {
    let randomColor = color(random(colors));
    stroke(randomColor);
    point(pos[i].x, pos[i].y);

    let angle = map(i, 0, 1000, 0, TWO_PI);
    let radius = 100; // noiseを使って書き換えて下さい

    let dx = cos(angle) * radius;
    let dy = sin(angle) * radius;

    pos[i].x += dx;
```

```
    pos[i].y += dy;
  }
}
```

●見本

演習4

以下のサンプルを書き換え、蛍のような揺らぎを持った動きをするよう、noiseを使って書き換えて下さい。

```
let flies = [];

function add_fly(x, y) {
  flies.push({
    x: x,
    y: y,
    dx: random(-2, 2),
    dy: random(-2, 2),
    a: random(360),
  });
}

function setup() {
  createCanvas(400, 400);
  noStroke();
  for (let i = 0; i < 30; i++) {
    add_fly(random(100, 300), random(100, 300));
  }
}
```

```
function draw() {
  background(0, 0, 0, 30);

  for (let f of flies) {
    f.x += f.dx;
    f.y += f.dy;
    f.a += 2;
    alpha = map(sin(radians(f.a)), -1, 1, 0, 100);
    fill(100, 255, 100, alpha);
    ellipse(f.x, f.y, 4, 4);
  }

  flies = flies.filter(function (f) {
    return 0 < f.x && f.x < width && 0 < f.y && f.y < height;
  });
}

function mousePressed() {
  add_fly(mouseX, mouseY);
}
```

解答例

演習1

1つ目のスライダーfSliderは、波形の周波数を調整します。createSlider()関数で、スライダーの最小値、最大値、初期値、およびステップサイズが指定されています。このスライダーは0.001から0.1の範囲で、0.001刻みで値を選択します。

2つ目のスライダーaSliderは、波形の振幅を調整します。このスライダーは、0から100の範囲で、
1刻みで値を選択します。

●13_1_slider/sketch.js

```javascript
let yOffset = 0;
let fSlider, aSlider;

function setup() {
  fSlider = createSlider(0.001, 0.1, 0, 0.001);
  aSlider = createSlider(0, 100, 0, 1);
  createCanvas(1000, 500);
  strokeWeight(2);
  stroke(0, 0, 200);
  noFill();
}

function draw() {
  background(255);
  let f = fSlider.value();
  let a = aSlider.value();
  let waveHeight = 300;
  let waveFrequency = 0.02;
  let waveAmplitude = a;
  beginShape();

  for (let x = 0; x < width; x += 5) {
    let noiseValue = noise(x * 0.01, yOffset);
    let y =
      waveAmplitude * sin(waveFrequency * x + yOffset) +
      waveHeight * noiseValue;
    vertex(x, height - y);
  }

  endShape();
  yOffset += f;
}
```

演習2

noise()関数に渡している引数は、x座標、y座標、時間です。x座標とy座標はそれぞれnoiseScale
でスケーリングし、時間はframeCountにnoiseScaleをかけた値として与えています。これにより、
時間の経過に伴って滑らかに変化します。

```javascript
function setup() {
  createCanvas(200, 200);
}


function draw() {
  let noiseLevel = 255;
  let noiseScale = 0.009;
  for (let y = 0; y < height; y += 1) {
    for (let x = 0; x < width; x += 1) {
      let nx = noiseScale * x;
      let ny = noiseScale * y;
      let nt = noiseScale * frameCount;
      let c = noiseLevel * noise(nx, ny, nt);
      let mappedColor = map(c, 0, noiseLevel, 0, 255);
      stroke(mappedColor, 150, 200);
      point(x, y);
    }
  }
}
```

演習3

①の部分で、点の位置をランダムに動かすためにノイズ関数を使用しています。生成されたノイズ値を100倍して、円のradiusとして使用したことで、ランダム性と滑らかさを持った印象的なパターンを作り出しています。

● 13_3_pattern/sketch.js

```javascript
let colors = ["#393E46", "#00ADB5", "#EEEEEE"];
let pos = [];

function setup() {
  createCanvas(400, 400);
  for (let i = 0; i < 1000; i++) {
    pos[i] = { x: width / 2, y: height / 2 };
  }
  background("#222831");
}

function draw() {
  for (let i = 0; i < 1000; i++) {
```

```
    let randomColor = color(random(colors));
    stroke(randomColor);
    point(pos[i].x, pos[i].y);

    let angle = map(i, 0, 1000, 0, TWO_PI);
    let radius = noise(i * 0.01, frameCount * 0.005) * 100; //①

    let dx = cos(angle) * radius;
    let dy = sin(angle) * radius;

    pos[i].x += dx;
    pos[i].y += dy;
  }
}
```

演習4

①の部分でノイズ関数を使用しています。また、map()関数により、0から1の範囲のノイズ値を-2から2の範囲にマッピングしています。これにより、生成されたノイズ値は蛍の座標の変化量として加算され、蛍が滑らかに画面内を移動するようになります。

●13_4_firefly/sketch.js
```
let flies = [];

function add_fly(x, y){
  flies.push({
    x: x,
    y: y,
    sx: random(5),
    sy: random(5),
    a: random(360)
  });
}

function setup() {
  createCanvas(400, 400);
  noStroke();
  for (let i = 0; i < 30; i++) {
    add_fly(random(100, 300), random(100, 300))
  }
}
```

```
function draw() {
  background(0, 0, 0, 30);

  for (let f of flies) {
    f.x += map(noise(f.sx), 0, 1, -2, 2);//①
    f.y += map(noise(f.sy), 0, 1, -2, 2);//①
    f.sx += 0.01
    f.sy += 0.01
    f.a += 2
    alpha = map(sin(radians(f.a)), -1, 1, 0, 100)
    fill(100, 255, 100, alpha);
    ellipse(f.x, f.y, 4, 4);
  }

  flies = flies.filter(function (f) {
    return 0 < f.x && f.x < width && 0 < f.y && f.y < height
  });
}

function mousePressed(){
  add_fly(mouseX, mouseY)
}
```

第14章　発展編

より高度なグラフィカルな表現を作ってみましょう。

演習

演習1

2つのスライダーを操作すると、多角形が変化するプログラムを作って下さい。1つ目のスライダーは多角形の頂点数と連動し、2つ目のスライダーは多角形の大きさと連動するようにして下さい。

演習2
マイクの音量と連動した動きをするプログラムを作成して下さい。マイクの音量に合わせて図形の大きさやスピードを変えてみましょう。

演習3
3Dの図形を描画し、動きを加えてみましょう。さらに、ライトやマテリアルを自由に変更して、表現を豊かにしてみてください。

解答例

演習1
slider_vertexとslider_sizeは、それぞれ頂点数と大きさを調整するためのスライダーです。setup()関数では、これらのスライダーを作成し、inputイベントが発生したときにupdateShape()関数を呼び出して図形を更新します。

●14_1_vertex/sketch.js
```
let points = [];
let slider_vertex;
let slider_size;


function setup() {
  noStroke();
  slider_vertex = createSlider(3, 100, 3, 1);
  slider_size = createSlider(30, 50, 0, 5);
  slider_vertex.input(updateShape);
  slider_size.input(updateShape);
  createCanvas(400, 400);
  updateShape();
```

```
}

function updateShape() {
  points = [];
  let n = slider_vertex.value();
  let theta = radians(360 / n);


  let noiseScale = 0.1;

  for (let i = 0; i < n; i++) {
    let r = noise(i * noiseScale) * slider_size.value() * 5;
    let x = cos(theta * i) * r + 200;
    let y = sin(theta * i) * r + 200;
    points.push(createVector(x, y));
  }
}

function draw() {
  background(255);
  beginShape();
  for (let i = 0; i < points.length; i++) {
    fill(0, 100, 0);
    curveVertex(points[i].x, points[i].y);
  }
  endShape(CLOSE);
}
```

演習2

マイクの音量を取得し、それをmicLevelという変数に格納しています。円の速度にmicLevelを乗算していることで、音量が大きいほど円の速度が速くなり、音量が小さいほど円の速度が遅くなります。

●14_2_mic/sketch.js

```
let mic;
let circles = [];

function setup() {
  createCanvas(windowWidth, windowHeight);
  fill(25, 225, 25);
  noStroke();
```

```
  mic = new p5.AudioIn();
  mic.start();
  for (let i = 0; i < 200; i++) {
    circles.push(new Circle());
  }
}

function draw() {
  background(0, 30);
  let micLevel = mic.getLevel();
  for (let circle of circles) {
    circle.move(micLevel);
    circle.draw();
  }
}

class Circle {
  constructor() {
    this.angle = random(TWO_PI);
    this.radius = random(50, 200);
    this.speed = random(0.01, 0.05);
  }

  move(level) {
    this.angle += this.speed * (1 + level * 10);
  }

  draw() {
    let positionX = cos(this.angle) * this.radius;
    let positionY = sin(this.angle) * this.radius;

    ellipse(width / 2 + positionX, height / 2 + positionY, 5);
  }
}
```

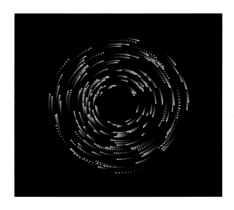

演習3

WebGLを使用して3Dグラフィックスを描画しています。以下の実行結果ではnormalMaterial()を使用し、光の影響を受けない物体を描画しています。

● 14_3_3d/sketch.js

```javascript
function setup() {
  createCanvas(1000, 700, WEBGL);
}

function draw() {
  background(0);
  normalMaterial();

  // 球
  push();
  translate(-350, 0, 0);
  rotateX(frameCount * 0.01);
  rotateY(frameCount * 0.01);
  sphere(80, 10);
  pop();

  // トーラス
  push();
  translate(-150, 0, 0);
  rotateX(frameCount * 0.01);
  rotateY(frameCount * 0.01);
  torus(50, 20);
  pop();

  // ボックス
```

```
  push();
  translate(50, 0, 0);
  rotateX(frameCount * 0.01);
  rotateY(frameCount * 0.01);
  box(100);
  pop();

  // コーン
  push();
  translate(250, 0, 0);
  rotateX(frameCount * 0.01);
  rotateY(frameCount * 0.01);
  cone(70);
  pop();
}
```

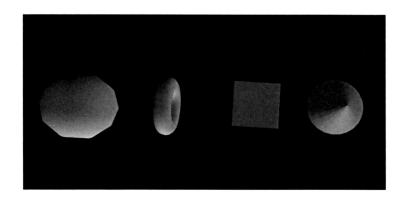

おわりに

　本書を読み終えたら、ぜひ学んだことを活かしてご自身で作品を作ってみてください。やりたい表現や機能を実現する方法を考えたり調べたりして実際にコードを書く、ということを繰り返していると、どんどんできることが増えていきます。ここで学んだJavaScriptの知識はWebサイトやWebアプリの作成にも役立てることができます。JavaScriptをさらに学んでみたくなったら、そういった分野に学びを広げるのもいいと思います。

　私たちもまだまだ勉強中の身です。この本を執筆する話をいただいたとき、できるものかと不安でいっぱいでしたが、プログラミングの楽しさ、自分のイメージを具現化する手段を得る嬉しさをより多くの人に知ってもらいたいという気持ちで書かせていただきました。本書を通してプログラミングの魅力を感じてもらえたのなら、これ以上うれしいことはありません。

　最後に、この場を借りて御礼申し上げます。Future Codersの生徒としてもお世話になっている田中様には、内容のチェックをはじめとし、編集の方との橋渡しやスケジューリングといった部分まで手厚くサポートしていただきました。向井様は編集・校正をしてくださり、原稿の書き方などを丁寧に教えてくださいました。桜井様は企画を後押ししてくださり、執筆経験のない学生である私たちに本を世に出す機会を与えてくださいました。数多くの方々の支えがあり、この本ができあがりました。本当にありがとうございました。

2024年春　青木樂

著者紹介

青木 樂 （あおき がく）

慶應義塾大学文学部卒業。大学入学直後からプログラミングスクールFuture Codersでプログラミングを学ぶ。インターンやアルバイトではWebサイトやWebアプリの制作、Unityを用いた3Dショールームの作成などに携わる。2024年に株式会社リンクアンドモチベーションに入社。趣味は散歩とゲーム。

國見 幸加 （くにみ さちか)

多摩美術大学情報デザイン学科在籍。Future Codersで学んだ知識を応用し、デザインの知識を掛け合わせ、ウェブサイト、プログラミングを駆使した体験型作品など幅広く制作を行う。インターンやアルバイトではプログラミングの講師や、映像制作、ウェブ制作に携わる。趣味は銭湯巡り。

田中 賢一郎 （たなか けんいちろう） 監修

慶應義塾大学理工学部修了。キヤノン株式会社でデジタル放送局の起ち上げに従事。データ放送ブラウザを実装し、マイクロソフト（U.S.）へソースライセンス。Media Center TVチームの開発者としてマイクロソフトへ。Windows、Xbox、Office 365の開発／マネージ／サポートに携わる。2017年にプログラミングスクール「Future Coders」を設立。2022年からGrowth Kineticsビジネスアナリストを兼務。著書は『ゲームを作りながら楽しく学べるPythonプログラミング』（インプレスR＆D）など多数。趣味はジャズピアノ／ベース演奏。

◎本書スタッフ
アートディレクター/装丁：岡田 章志＋GY
編集：向井 領治
ディレクター：栗原 翔

Future Codersシリーズについて：
Future Coders (http://future-coders.net)は、本書の監修者田中賢一郎氏が設立した「プログラミング教育を通して一人ひとりの可能性をひろげる」という理念のもと、英語と数学に重点をおいたプログラミングスクールです。楽しいだけで終わらない実践的な教育を目指しています。
Future Codersシリーズは、「Future Coders」の教育内容に沿ったプログラミング解説の書籍シリーズです。

●本書の内容についてのお問い合わせ先
株式会社インプレス
インプレス NextPublishing　メール窓口
np-info@impress.co.jp

お問い合わせの際は、書名、ISBN、お名前、お電話番号、メールアドレス に加えて、「該当するページ」と「具体的なご質問内容」「お使いの動作環境」を必ずご明記ください。なお、本書の範囲を超えるご質問にはお答えできないのでご了承ください。
電話やFAXでのご質問には対応しておりません。また、封書でのお問い合わせは回答までに日数をいただく場合があります。あらかじめご了承ください。

●落丁・乱丁本はお手数ですが、インプレスカスタマーセンターまでお送りください。送料弊社負担に てお取り替え
させていただきます。但し、古書店で購入されたものについてはお取り替えできません。
■読者の窓口
インプレスカスタマーセンター
〒 101-0051
東京都千代田区神田神保町一丁目 105番地
info@impress.co.jp

Future Coders

p5jsで学ぶJavaScript入門

2024年5月3日　　初版発行Ver.1.0（PDF版）

監　修　田中 賢一郎
著　者　青木 樂, 國見 幸加
編集人　桜井 徹
発行人　高橋 隆志
発　行　インプレス NextPublishing
　　　　　〒101-0051
　　　　　東京都千代田区神田神保町一丁目105番地
　　　　　https://nextpublishing.jp/
販　売　株式会社インプレス
　　　　　〒101-0051　東京都千代田区神田神保町一丁目105番地

印刷・製本　京葉流通倉庫株式会社
Printed in Japan

ISBN978-4-295-60291-0

●インプレス NextPublishingは、株式会社インプレスR&Dが開発したデジタルファースト型の出版
モデルを承継し、幅広い出版企画を電子書籍＋オンデマンドによりスピーディで持続可能な形で実現し
ています。https://nextpublishing.jp/